PS之光

一看就懂 的Photoshop攻略

冯注龙◎著

U0281214

电子工业出版社.
Publishing House of Electronics Industry
北京·BEIJING

内容简介

你可能有过这种困惑：我跟着网络上的教程一步步操作，能做出对应的PS效果，可怎么换了一个案例，需要自己动手操作时，什么都做不出来了，而且根本不知识操作的用意是什么呢？那很可能是因为你囿于参数，限于步骤，困于案例，这就好像囫囵吞枣——不知味。所以学习PS需要的不仅是知道如何操作，更要知道为什么要这样操作。本书所做的就是带你了解在PS中进行的每一步操作的原因，在理解了原理后，你就不会觉得PS复杂了，甚至还会觉得它有点可爱。这本书之于大家，是开启PS之路的第一道门。

本书从结构上可以分为三个部分：第1章从实用性出发让你重识并爱上PS；第2章至第11章从原理入手，剖析诸如图像、选区、色彩、通道蒙版、混合模式背后的奥秘，为实际操作打下基础；第12章到第20章的工具操作篇，从各种案例出发，手把手带你逐一实现不同的效果，让你获得超强的满足感。希望本书生动有趣、深入浅出的讲解，以及详细贴心的视频操作讲解，能带给你最直观的感受，早日让PS成为你真正的朋友。

图书在版编目（CIP）数据

PS之光：一看就懂的Photoshop攻略 / 冯注龙著．—北京：电子工业出版社，2020.6
ISBN 978-7-121-38836-1

Ⅰ．①P… Ⅱ．①冯… Ⅲ．①图象处理软件 Ⅳ．①TP391.413

中国版本图书馆CIP数据核字（2020）第048253号

责任编辑：张月萍
文字编辑：刘　舫
印　　刷：北京宝隆世纪印刷有限公司
装　　订：北京宝隆世纪印刷有限公司
出版发行：电子工业出版社
　　　　　北京市海淀区万寿路173信箱　　邮编：100036
开　　本：720×1000　　1/16　　印张：14.75　　字数：323千字
版　　次：2020年6月第1版
印　　次：2024年1月第15次印刷
印　　数：37001~38000册　　定价：69.00元

凡所购买电子工业出版社图书有缺损问题，请向购买书店调换。若书店售缺，请与本社发行部联系，联系及邮购电话：（010）88254888，88258888。
质量投诉请发邮件至zlts@phei.com.cn，盗版侵权举报请发邮件至dbqq@phei.com.cn。
本书咨询联系方式：（010）51260888-819，faq@phei.com.cn。

序言

———

两岸猿声啼不住，都说我像吴彦祖。

大家好，我是@冯注龙。

这世上有一种知道叫"假知道"，那就是提线木偶式知道。

木偶人的动作精准，从不出错，可它却不知为何而动。这就像小时候我们去背数学题的答案，可到了考试，题目换个数字就不会做了。如果你不理解公式，背再多答案也没有用。

细想想，我们学PS的时候，是不是也犯过类似的错误呢?

在本书中，我们遵循"知道－学到－得到－赚到"的学习顺序，用理论结合操作的方式让你成为PS高手。

没有人能拒绝美，所以我觉得：学会PS，你就快人一步。技能到手，思路一开，几步之内，必有芳草。我们会用易懂的类比方式来剖析原理，原理是土壤，可仅有土壤还不够。我们还会用直观易上手的案例为你栽上一棵果苗，同时辅以制作精良的视频讲解助你成长。关于本书的视频讲解与大礼包，在微信公众号：向天歌，回复：PS之光，即可获取。

为了追求更好的阅读体验，我们向天歌团队深度参与了图书的设计和排版。特别感谢陈宇、王玮、林泽、谭愈婧等设计组成员对本书的帮助。不管是在线课程还是图书，我们都坚持生动有趣、深入浅出的讲解，利用制作精良的视频展示操作中的细节，尽力带给你最好的学习体验。

希望这本书能成为你学习路上的好朋友。让我们开始吧。

多学一个**技能**，
就少一个**求人的理由**！

大礼包与配套视频获取方式

本书使用的软件版本为 Photoshop CC 2019

微信扫描二维码关注公众号，回复：**PS之光**

即可查看讲解视频、素材等图书配套资源

视频 书中此图标说明

此部分内容配有视频讲解

具体操作步骤

留下你的脚印

个人一小步，人生一大步。

1969年7月20日下午4时17分42秒（美国休斯顿时间），尼尔·阿姆斯特朗与巴兹·奥尔德林成为首次踏上月球的人类。

阿姆斯特朗走出登月舱，一步步走下舷梯。9级踏板的舷梯，他花了3分钟才走完。

1969年7月24日，"阿波罗11号"载着3名航天员安全返回地球。

即将起航前往PS星球，
请船长签字确认：

PS
学习路径图

目录

第1章

——

五分钟让你爱上我：
重识PS

一开始想学好 PS，但是……

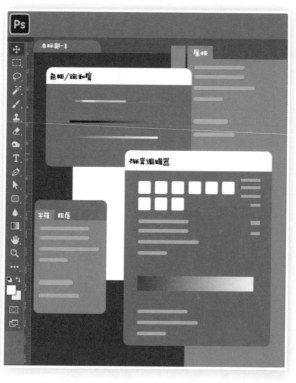

人最大的恐惧来源于未知

因为不懂，所以畏惧

本书通过先原理、后操作的形式让大家快速上手PS

生动化的原理，克服恐惧

简单上手操作，赢得自信

学会不需要达成任何目的
学 会 本 身 就 是 目 的 地

是这本书所追求的

1.1　为什么要学习 PS

就如学开车一样，大部分人学开车并不是为了考 A 照、B 照，去开客车或者货车，基本上都是为了开平时出行方便的小轿车。

学习 PS（Photoshop 软件的简称）对于大部分人来说也不是为了做行业内顶尖的设计师，只是因为平时工作生活中小小的需求，例如，可能是为了公司产品抠图，也可能是为了给女朋友修照片……

音乐是听觉的艺术，而设计就是视觉的艺术。

人都有趋近美的本能，这是人类的天性。在每个人的心中，或多或少都有关于美的想法和各种天马行空的创意，只是囿于能力所及，结果往往不尽如人意。PS，并不仅仅是一个工具，更是承载想法和创意的容器。

1.2　会PS是什么样的体验

　　学习一项技能，不论是工作需求还是个人兴趣，只要在需要的时候可以用得上，那就没有失去学习这项技能的意义。

　　使用PS是一件很有趣的事情，看着脑海中的画面在PS中一步步地呈现出来，亦很自喜。创意不常有，但有创意做不出来却是常有的事，学会了PS，才能走上通往创意的道路。

"脑洞"爆棚的创意作品

独具匠心的设计海报

生活照片的精心调色

工作场合的各种需求

第2章
—
揭开PS的神秘面纱：
界面介绍

2.1　认识工作界面

菜单栏：类似于下图中的抽屉，将不同的命令和功能分类并装进相应的抽屉里，作为一个大的集合，需要某一命令时，只需到相应的抽屉里面去找即可。

工具栏：放置了画笔、橡皮擦、钢笔等工具，平常使用的工具都可以在此找到。

选项栏：选项栏会随着工具的选择而改变，可在选项栏调整工具的参数和属性，比如选择了【画笔】工具，就可以在选项栏调整画笔的大小、形状等。

工作区：类似于画板，画画进行的操作基本上都是在画板上进行的，PS 的操作都是在工作区中进行的。

面板区：面板区并不是一成不变的，每个面板有不同的功能，可根据操作需求调出不同的面板。比如，【图层】面板，就好比作画时用的一张张纸，如果需要增加或减少纸张，就需要将【图层】面板调出来，在面板中进行增删。

☰ 菜单栏

| Ps | 文件(F) | 编辑(E) | 图像(I) | 图层(L) | 文字(Y) | 选择(S) | 滤镜(T) | 3D(D) | 视图(V) | 窗口(W) | 帮助(H) |

菜单栏中共有11项菜单，一般操作中说"执行"某个命令，就是在菜单栏下的某个菜单中找到的，它的分类非常合理且直观。

【文件】：单击【文件】菜单，在弹出的菜单中可以执行新建、打开、存储、关闭、置入及打印等一系列有关文件的命令。

【编辑】：对图像的复制等编辑操作，以及对软件的设置都放在这个菜单中。

【图像】：对图像的直接操作，像调色、调整大小等命令都在该菜单中。

【图层】：对图层进行操作，操作的效果可以在【图层】面板中看到。

【文字】：用于设置在设计中用到的文字部分的属性。

【选择】：主要是对已有的选区进行操作，或者用来形成选区。

【滤镜】：为图像设置各种不同特效的操作基本上都可以在这个菜单中进行。

【3D】：用于创建3D模型，以及有关3D的一些效果和设置。

【视图】：该菜单中的命令可对软件视图的显示进行调整及设置。

【窗口】：在操作中用到的所有面板都可在此菜单中调出。

⚒ 工具栏

下图所示为工具栏中各个工具的名称以及使用的快捷键。

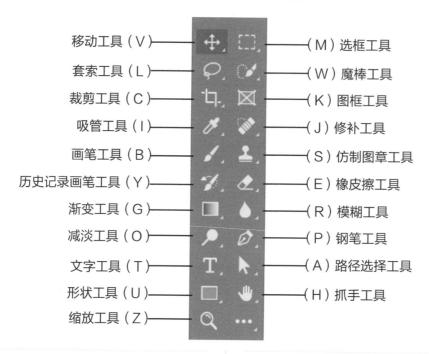

移动工具（V）————————（M）选框工具
套索工具（L）————————（W）魔棒工具
裁剪工具（C）————————（K）图框工具
吸管工具（I）————————（J）修补工具
画笔工具（B）————————（S）仿制图章工具
历史记录画笔工具（Y）——（E）橡皮擦工具
渐变工具（G）————————（R）模糊工具
减淡工具（O）————————（P）钢笔工具
文字工具（T）————————（A）路径选择工具
形状工具（U）————————（H）抓手工具
缩放工具（Z）

工具提示	工具组
如果对工具不是很熟悉，只需要将鼠标光标悬停在工具栏中某些工具的上方，PS 就会显示相关工具的描述和简短视频操作。	PS 会对功能类似的工具进行分组。当选择某一个工具时，长按鼠标左键或者单击鼠标右键就可以看到该工具组下还有其他哪些工具。

工具提示：移动工具

工具组：修复工具组

选项栏

　　选择不同的工具，选项栏中的设置项也会对应有不同的参数，用于调整当前工具的属性、操作效果等。以下为部分工具的选项栏展示，关于工具的使用及其选项会在后面章节进行详细说明。

【移动工具】选项栏

【选框工具】选项栏

【污点修复画笔工具】选项栏

面板区

添加面板

　　组成面板区的各个面板都需要从【窗口】菜单中调出。

关闭面板

　　如果有些面板不需要，可以将其关闭。只需右击面板的标签，然后从弹出的快捷菜单中选择【关闭】项即可。

面板的拖动、吸附和折叠

调出的面板可以用鼠标拖曳进行自由移动。将一个面板用鼠标拖移曳另一个面板的边缘时，会显示蓝色的边框及放置区域，这时松开鼠标按键该面板就会吸附并停放在该区域中。拖曳到的区域如果不是放置区域，该面板将在工作区中自由浮动。

浮动的【导航器】面板

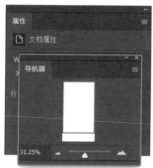

吸附中的【导航器】面板

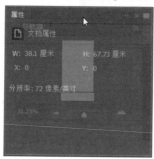

停放的【导航器】面板

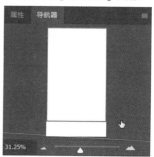

有时候展开的面板会占用软件界面较大的面积，会妨碍操作，这时可以将其折叠为一个图标。

只需右击面板的标签，然后从弹出的快捷菜单中选择【折叠为图标】项就可以将面板缩小为图标展示。

界面的还原复位

一开始对 PS 软件的界面不太熟悉，可能会误删或者移动面板，由此带来操作上的不便。此时只需在选项栏的右侧找到 ，单击旁边的箭头，在下拉列表中单击【复位基本功能】项就能将整个面板恢复到最初的样子。

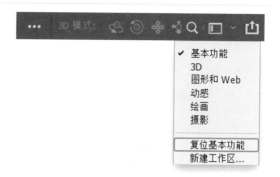

🔍 搜索帮助

操作中如果找不到需要的工具，或者不了解操作步骤，可以利用 PS 自带的搜索功能，按快捷键 `Ctrl` + `F` 调出弹框即可进行搜索。

比如搜索"画笔"，在下方就会有对应的工具、面板和教程等，单击对应选项就会跳转到相应的工具或者界面。

📖 学习功能

PS 中还内置了一些教程，不仅提供了配合操作使用的图片，还有对详细步骤的引导，对软件不熟悉的话也可以依此进行简单的操作。

学习功能是一个面板，在【窗口】菜单中可以将其调出来，学习面板分为四大主题，每个主题中还细化出一些小的教程。

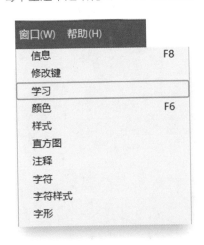

展开【基本技能】主题，选择第一个【Photoshop 教程】。

PS 会将该教程中所用到的素材自动置入软件，并且每一步都会有蓝色的悬浮步骤提示，告知该在哪里操作，如何操作。

2.2　一劳永逸的软件设置

在 PS 中，除了可以将软件修改为适合自己的界面环境和操作习惯，对【首选项】进行适当的设置还可以让电脑处于一个相对稳定的运行状态，不会出现卡顿、滞后或延迟。基于系统上可调用的资源来调整【首选项】的设置，可以拥有较好的用户体验。

界面设置

PS 的界面并不是一成不变的，它支持使用者对其进行自定义的设置，可以修改为自己习惯或者喜欢的样子。

修改界面颜色

在菜单栏选择【编辑】-【首选项】(快捷键是 Ctrl + K)，在【首选项】弹框的左侧选择【界面】，右侧显示出 PS 提供的四种颜色方案，可以对其进行设置以改变界面的外观颜色。

自定义快捷键

在菜单栏选择【编辑】-【键盘快捷键】，就会弹出键盘快捷键和菜单的弹框。在【快捷键用于】下拉菜单中可以选择要修改哪个模块，然后下方就会显示相应模块下各个操作、命令或者工具目前的快捷键，可以自行修改成自己熟悉的快捷键。

性能优化

PS的性能优化同样也是在【首选项】中进行设置的，而【首选项】的调整主要是在右图所示的这四方面进行设置的。

内存　　　暂存盘

历史记录状态　　　自动存储时间

调整分配给PS的内存

什么是内存呢？打个比方，内存就好比开展会所使用的场地，电脑中的各个软件就是参加展会的展馆。

有参加的展馆就会占用一部分场地，同样地，每打开一个软件，就会占用一定的内存。 某一展馆办的活动大，为了方便开展活动，就会增加使用的场地面积，软件也是同理，如果打开大型文件进行操作，那么就会占用更多内存以便于操作流畅。

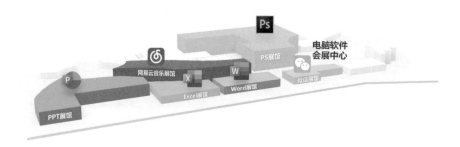

因此通过增加分配给PS的内存容量，可以提升PS操作时的性能。

在PS的【首选项】弹框的左侧选择【性能】，在右边的【内存使用情况】区域显示了 PS可用的内存容量及理想的内存分配范围，默认情况下为总内存的70%。

通过更改【让 Photoshop 使用】框右侧的值，可调整分配给 PS 的内存，也可以通过滑动下方的滑块进行调整。

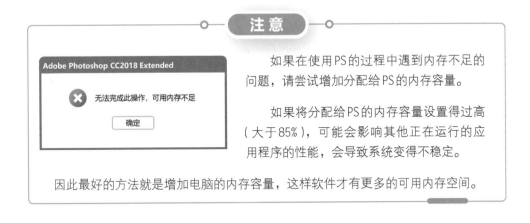

注 意

如果在使用 PS 的过程中遇到内存不足的问题，请尝试增加分配给 PS 的内存容量。

如果将分配给 PS 的内存容量设置得过高（大于 85%），可能会影响其他正在运行的应用程序的性能，会导致系统变得不稳定。

因此最好的方法就是增加电脑的内存容量，这样软件才有更多的可用内存空间。

管理暂存盘

PS 是一个可以处理大数据的程序，它在操作过程中会产生大量的临时缓存文件。比如在我们的操作过程中，PS 会间隔固定时间备份文件，以减少软件或者电脑崩溃而无法及时保存所造成的损失。

而这些临时的缓存文件就是放置在暂存盘中的，产生的缓存文件过多时，占用的硬盘空间就会过多，在使用 PS 的时候就很容易产生下面这些问题。

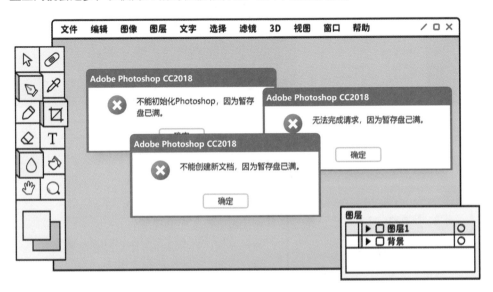

因此，要想解决这些问题，要么扩大暂存盘的空间，要么将缓存文件清理掉。

(一)扩大暂存盘空间：在【首选项】弹框的左侧选择【暂存盘】，默认情况下，PS 将系统盘用作主暂存盘，如下图所示。当电脑提示因为暂存盘已满而无法进行操作的时候，可以将其他盘也勾选上，以增加暂存盘的空间。

(二)清理缓存文件：在菜单栏选择【编辑】-【清理】-【全部】命令可以将操作过程中产生的缓存文件清理掉。

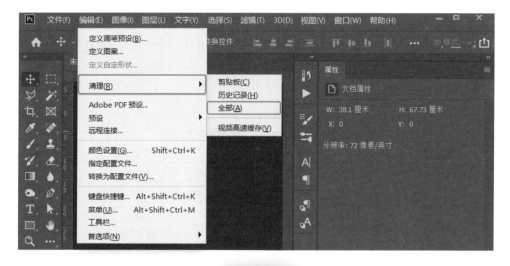

如果因为暂存盘已满而无法启动PS，请在启动期间按 Ctrl + Alt 组合键，以设置新的暂存盘。如果全部的磁盘都已勾选上作为暂存盘，暂存盘依然还是已满，那就需要添加硬盘，以扩大暂存盘空间。

限制历史记录状态

在操作PS的过程中，如果操作失误了是可以按 Ctrl + Z 组合键撤回的。能够撤回是因为PS会将操作的过程记录成缓存文件，然后以历史记录的方式存储并展示出来。

因此通过限制PS存储在【历史记录】面板中的历史记录状态数，可节省暂存盘空间以提高性能。

选择【首选项】-【性能】，在右侧【历史记录与高速缓存】区域有【历史记录状态】项。PS默认的历史记录状态数为50，最大值为1000。为了防止历史记录过多而产生大量缓存文件，可将历史记录状态调整为一个较低的值（20~50之间）。

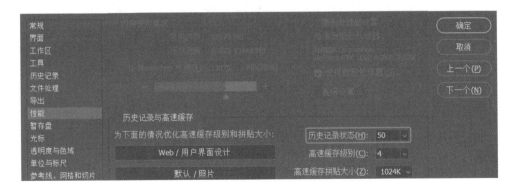

增加自动存储时间间隔

在【首选项】-【文件处理】中的【文件存储选项】区域中，【自动存储恢复信息的间隔】选项默认开启，时间间隔为10分钟。在启用该首选项的情况下，系统会自动按照间隔时间对每个打开的文件进行备份。

通常来说，后台存储操作对于正常操作的流畅度不会有太大的影响。但是，如果正在编辑的文件大于可用的内存容量，那么存储操作将会影响 PS 的响应度或性能，直到存储操作完成为止。

如果在操作 PS 的过程中发现软件会间歇性地卡顿，那么可能就是因为后台存储导致性能受到影响。同时，每次自动存储产生的备份文件都会累积在暂存盘中。

如果遇到这样的问题，可以打开【自动存储恢复信息的间隔】下拉列表，降低自动存储的频率（修改为 30 分钟或 1 小时），又或者可以取消对该选项的勾选，关闭自动存储的功能。

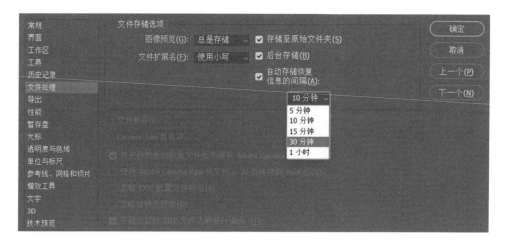

第3章

聊图像的前世今生：
图像概念

3.1　像素和分辨率

如果说图像是PS的基础，那么像素就是图像的基础。

图像是PS创作过程中的重要素材，没有了图像，PS就会鸡肋般存在；而没有了像素，一切图像、照片，都无法在电子产品上看到了。

像素之于图像就像细胞之于人体，都是其最基本的单位。

有细胞，
看起来挺正常的一个人

有像素，
看起来没问题的图像

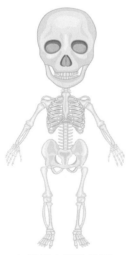

如果没有细胞的话，
那么人就只剩一副骨架了

如果没有像素的话，
手机就是一块砖头，什么都看不到

像素

　　将图像不断放大，可以看到小的矩形块，这就是像素的模样。可以将像素理解为一个纯色的矩形块，我们看到的图像就是无数个像素的集合。

　　图像呈现出来的样子是由像素的颜色和位置决定的，每个像素都有一个明确的位置和颜色。

分辨率

　　单纯讲解像素并没有意义，因为影响图像的并不是其中的一两个像素，而是无数个，也就是像素的数量。

　　像素的数量会影响图片的清晰程度，清晰程度就是常说的"分辨率"，分辨率越高，图像的质量越好，能表现出的细节越多；但相应地，记录的信息越多，图像文件尺寸也就越大。

　　分辨率指一英寸中所包含的像素的数量，单位为像素/英寸（PPI）。

当图像的尺寸相同时，分辨率越高，图像呈现出来的效果越清晰，以下为三幅相同尺寸的图像在三种不同分辨率下的展示。

60 PPI   150 PPI   300 PPI

不同场景的分辨率选择

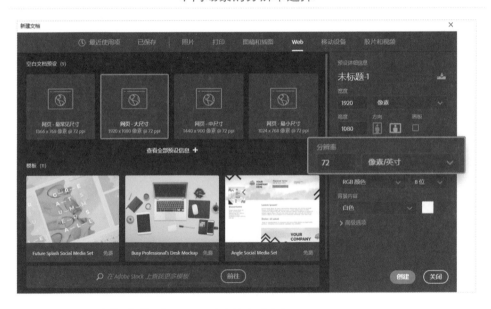

在新建 PS 文件的对话框中，需要对分辨率进行设置。

虽然分辨率越高，图像越清晰，但并不是可以什么都不管，一律设置高分辨率。分辨率越高，在给定的尺寸上显示的细节就越丰富，需要的硬盘存储空间也会增多，而且在进行编辑和打印的时候速度可能会更慢。

因此需要结合具体的应用场景对分辨率进行设置。

不同场景下的分辨率选择。

场景		分辨率
	网页设计 不需要打印，电子显示器会有很好的呈现效果，分辨率适中即可	**72 PPI**
	书籍报刊 观看距离较近，人眼会识别到很多细节，需要高的分辨率	**300 PPI**
	高清海报 观看距离在1米左右，需要有相对较高的分辨率	**96~200PPI**
	小型喷绘 比如公交站台广告，通常是1~5米的观看距离，分辨率适中即可	**50~75PPI**
	大型喷绘 比如商场吊旗、楼体广告，观看距离较远，不需要太高的分辨率	**25~50PPI**

3.2　位图与矢量图

位图

放大会变得模糊
导致失真

1.　位图由一个一个的像素组成，也称为像素图，顾名思义，就是由上面所讲的像素构成的，平时拍的照片就是位图。

2.　位图可以表现丰富的色彩变化，完整再现真实的生活色彩和景物。

位图形式的风景

**位图的
使用场景**

照片　　　　　　　　广告牌　　　　　　　　画册

文件格式　　　　　　　　　　　　　　　　**位图软件**

.JPG　　　.PNG

.PSD　　　.GIF

Photoshop　　　画图

矢量图

可以无限放大
也不会变得模糊

1. 矢量图由几何图形构成，图形具有无限放大后不变色、不模糊等特点。

2. 矢量图无法呈现像位图那样丰富的细节和层次感，不能做出逼真的照片效果；同样，它无法通过摄影或扫描获得，主要依靠设计软件生成。

矢量图形式的风景

**矢量图的
使用场景**

LOGO　　　　　　　标识　　　　　　　图标　　　　　　　图纸

文件格式　　　　　　　　　　　　　**矢量图软件**

.AI　　　.EPS

.SVG　　　.DWG

Illustrator　　　CorelDRAW

第4章

——

论一张"照骗"的诞生：修饰工具

4.1　什么是修饰工具

隐藏在城市中影响美观的垃圾

拍一张完美的照片并不是那么容易，照片照出来后或多或少会有一些污点和瑕疵。如果将一张图片比作一座城市，那么污点就是存在于城区中的垃圾，既与周围环境格格不入，又影响整张图片的美观。

垃圾被替换成符合周围环境的大楼

　　而修饰工具的作用，就是对这些瑕疵进行清理，并且会识别周围的环境，根据周围环境去创建符合大环境的内容。简单一点来说，就是将脏垃圾换成高楼大厦，将不好的替换成好的，但是替换后的东西是模拟周围环境生成的。

4.2　常用的修饰工具

| 污点修复画笔工具 | 修复画笔工具 | 修补工具 | 仿制图章工具 | 内容识别填充 |

污点修复画笔工具（快捷键 **J**）

自动从所修饰区域的周围取样，填充覆盖所修饰的区域。选择该工具后单击或按住鼠标左键涂抹即可快速清除图片中的污点、色斑等缺陷。

修复画笔工具（快捷键 **J**）

使用来自图像其他部分的像素修复瑕疵，按住 **Alt** + **鼠标左键**（光标变成 ⊕）时取样，松开鼠标左键并移动到需要修复的区域，再按住鼠标左键进行涂抹即可。

修补工具（快捷键 [J]）

修补工具可使用来自图像其他部分的图案或像素替换选定区域。只需将需要修补的区域框选起来，然后将其拖曳到干净的区域即可。

仿制图章工具（快捷键 [S]）

将图像中干净区域复制到需要修补的区域，按住 [Alt] + [鼠标左键]（光标变成 ⊕），选择复制源，松开鼠标按键移动到需要修复的区域，再按住鼠标左键进行涂抹即可。

注 意

【修复画笔工具】和【仿制图章工具】在使用方法上虽然类似，但是其功能并不一样。【修复画笔工具】会识别周围环境以达到融合效果，而【仿制图章工具】则是完全复制的效果。

【修复画笔工具】效果   　　　　【仿制图章工具】效果

内容识别填充

　　除去前面讲到的修饰工具外，PS中还有一个比较常用的修饰图像的操作。该操作需要和选区工具配合使用，需先用选区工具框选需要修复的区域（没有选区无法使用该功能），在菜单栏选择【编辑】-【填充】（快捷键是 Shift + F5 ）。

　　会弹出【填充】对话框，其中【内容】项选择【内容识别】，单击【确定】按钮就会根据周围像素自动取样填充并覆盖该区域。

　　但是常规的填充功能并不是万能的，比如下方这张图片要通过【内容识别】填充方式清除这张图片中的绿植。先选择【矩形选框工具】 □□ ，按快捷键 Shift + F5 填充，选择【内容识别】，单击【确定】按钮，可以发现填充区域并不完美。

填充前　　　　　　　　　　　　　　　填充后

因为填充区域是靠识别周围环境来进行修补的，而周围区域又受到了便利贴和杯盖的干扰，无法很好地清除绿植，这时需要进入【内容识别】面板进行更好的调整。

同样框选需要修补的区域，单击【编辑】菜单，再单击【内容识别填充】，就进入了内容识别工作区。

Tips：绿色区域为用于识别修补的区域，在右方的预览窗口中可以实时预览图片填充后的效果。

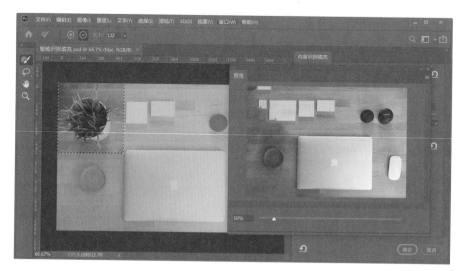

选择工具栏中的【取样画笔工具】，单击选项栏中的【从叠加区域中减去】，用画笔涂抹便利贴和杯盖的区域（即手动设置用于识别修补的区域），单击【确定】按钮，就能够很好地清除绿植了。

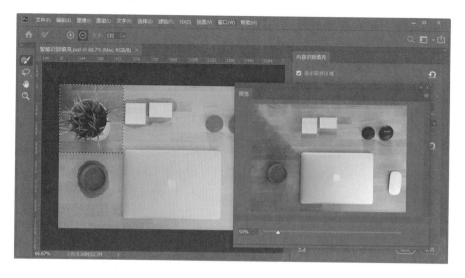

第5章

—

选对了才有下一步:
选区工具

5.1　什么是选区

　　将一张图片比作一座城市，图像中的瑕疵就好比城市中的垃圾。当需要对图片中的瑕疵（城市中的垃圾）进行处理时，有时候工具没有设置好，或者是在操作的时候手抖了，在没有选区的情况下，处理瑕疵有可能像下面这样，误伤图像中的其他部分。

处理中被误伤的区域

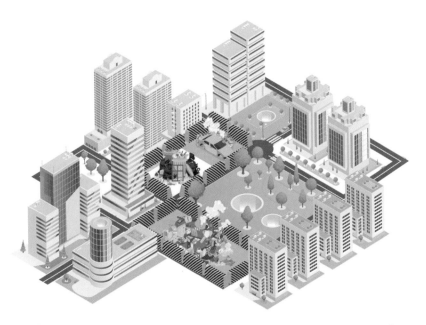

　　而在有选区存在的情况下，就相当于把要处理的地方用警戒线围起来，有了一个边界，这样在进行操作的时候不管怎么处理都只会限制在该区域内，如下图所示，不会影响到其他不需要处理的区域。

选区外的区域无损伤

5.2 **常用的选区工具**

矩形选框工具	椭圆选框工具	单行选框工具	单列选框工具	
套索工具	多边形套索工具	磁性套索工具	快速选择工具	魔棒工具

基础选区工具

基础选区工具的快捷键为 M ，按 Shift + M 组合键可以切换选区小工具。

矩形选框工具
建立矩形选区（与 Shift 键配合使用时选区为正方形）。

椭圆选框工具
建立椭圆形选区（与 Shift 键配合使用时选区为正圆形）。

单行选框工具
建立一个横穿画布，高度为1像素的选区。

单列选框工具
建立一个纵穿画布，宽度为1像素的选区。

矩形选框工具　　　　　椭圆选框工具　　　　单行选框工具　　单列选框工具

套索工具组

套索工具的快捷键为 L，按 Shift + L 组合键可以切换套索小工具。

套索工具

按住鼠标左键绘制，可以自由绘制选区。

多边形套索工具

单击鼠标左键点选，可以创建有多个棱角的多边形选区，相对比较好控制选区。

磁性套索工具

单击鼠标左键设置第一个固定点，移动鼠标划过物体边缘，会根据图像的对比度，自动吸附在物体轮廓上，生成套索选区。

套索工具的选区　　　　　多边形套索工具的选区　　　　磁性套索工具的选区

快速选择工具和魔棒工具

快速选择和魔棒工具的快捷键为 W，按 Shift + W 组合键可以相互切换。

快速选择工具

用于选择色彩变化不大的区域，通过查找和追踪图像中的边缘来创建选区。不连续区域通过单击鼠标左键可增加选区。

初选区域　　　　　　　加选后

魔棒

用于选择色彩类似的图像区域，在选项栏中可调整容差值，扩大所选颜色范围的公差。

容差值为20的选区　　　容差值为80的选区

注 意

在已有选区的情况下，按住 `Shift` 键，再创建新的选区，就会将新的选区增加到原有选区。

初选区域

加选后

在已有选区的情况下，按住 `Alt` 键，再创建新的选区，会从原有选区中减去新的选区。

初选区域

减选后

在使用选区工具创建选区的过程中如果发生失误，是无法按 `Ctrl` + `Z` 组合键撤销的，只能先创建好选区后再去增加或者减少，以选取比较契合的选区。

第6章

一层层剥开我的心：
图层基础

6.1 认识图层

　　在 PS 中作图犹如在画纸上画画，如果从头到尾只用一张画纸画画，一旦出现失误，那么就只能全部作废重来。

在透明画纸上分别画出各部分

　　如果分别在**多张透明的画纸**上将各个部分、各个层级各自画好，之后再叠加组合起来，这样同样是一幅完整的作品。如果有某个部分出现问题，只需单独修改相应的画纸即可，不需要从头来过。

重新叠加组合后的作品

　　图层，就是前面说到的"透明画纸"，每一个图层都是透明的，可以在不同图层上绘画、书写和放置图片，图层的存在极大地增加了操作的便利性。

◈ 图层结构一览

看一张图片就好像是俯视一栋大楼，表面看起来好像就一层，但是换个角度从侧面看，就可以看到构筑图片的每一层。

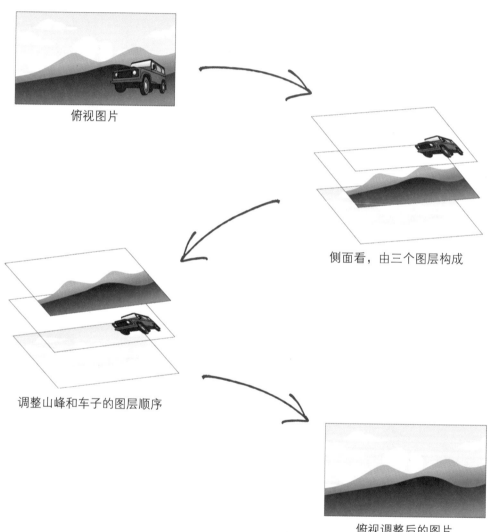

俯视图片

侧面看，由三个图层构成

调整山峰和车子的图层顺序

俯视调整后的图片

空白部分是透明的，因此即使各层重叠，也可以透过透明处看到下一层。

但是由于重新调整了顺序，调整后车子的位置刚好被上一层的山峰挡住了，由此可以看到排序对于图层至关重要，顶层的图层会显示在前面。

其在 PS 中的展示效果如下，所有展示作品的最终效果都可以在画板上看到，而构成作品的各个图层，可以在【图层】面板中看到，用鼠标选中并拖动图层可调整图层的上下位置。

图层调整前的面板

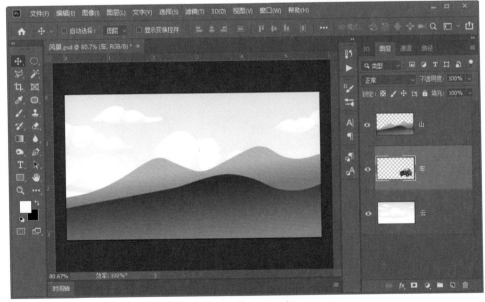

图层调整后的面板

图层面板解剖图

可以在菜单栏选择【窗口】，再选择【图层】，将【图层】面板调出来(快捷键是 F7)。

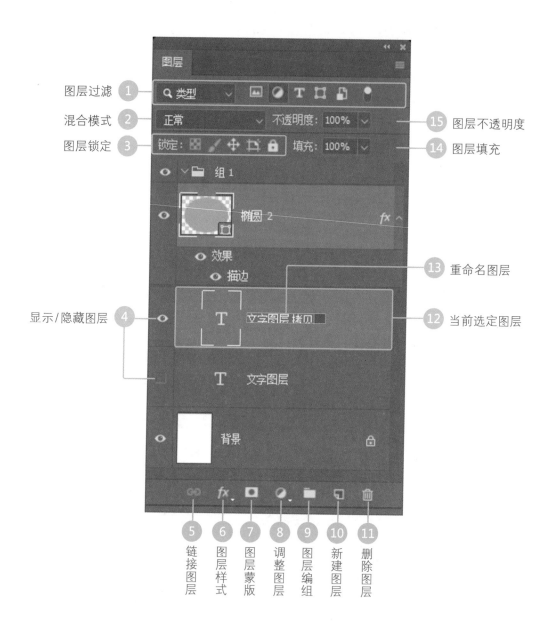

图层过滤 1

混合模式 2

图层锁定 3

显示/隐藏图层 4

15 图层不透明度

14 图层填充

13 重命名图层

12 当前选定图层

5 链接图层

6 图层样式

7 图层蒙版

8 调整图层

9 图层编组

10 新建图层

11 删除图层

1 图层过滤
过滤图层，通过过滤可显示特定
类型的图层。

2 混合模式
图层间通过某种计算公式得到的
最终显示。

3 图层锁定
通过锁定不透明度、位置等，
保护图层相应的属性不被修改。

4 显示/隐藏图层
有眼睛图标的为显示图层，反之为隐藏图
层。按住 Alt 键单击眼睛图标将只显示当
前图层。

5 链接图层
将多个图层捆绑在一起，一个图
层移动，其他所有被链接的图层
也跟着移动。

6 图层样式
不改变图层本身，在外围给图层
添加描边、投影等效果。

7 图层蒙版
8 调整图层
详见第8章和第10章。

9 图层编组
单击 📁 按钮，将选定图层放在
文件夹内，快捷键为 Ctrl + G 。

10 新建图层
单击 🗔 按钮可新建空白图层，
快捷键为 Ctrl + Shift + N 。

11 删除图层
单击 🗑 按钮可直接删除图层，
快捷键为 Delete 。

12 当前选定图层
选定图层会被高亮显示，按住 Shift 键
可连续多选；按住 Ctrl 键可间隔多选。

13 重命名图层
双击文字区域可重新编辑图层名称，
按回车键修改完成。

14 图层填充
改变图层本身的透明度，保留样式
的效果。

15 图层不透明度
将修改图层包括样式效果的透明度，
数值设置范围为0~100%，0为完全
透明。

常见的图层类型

像素图层

作为PS软件里最普通的图层，像素图层是由一个个像素点组成的，可直接用工具进行编辑，如画笔和橡皮擦等。

形状图层

绘制形状时自动生成的图层，包含位图、矢量图两种元素，因此用PS绘制形状的时候，可以以某种矢量形式保存图像。

文字图层

绘制文本框时自动生成的图层，因此只能包含文本。可以更改此层中存在的文本的字体、大小及样式。

智能对象

是一种特殊类型的图层，可以容纳：多层（或1层）、插图矢量、原始文件、视频、3D或许多其他类型的对象。

调整图层

是一种特殊类型的图层，可以在其中编辑照片，例如无损地更改其亮度、对比度、饱和度、颜色等（意味着可以随时撤销或更改它）。

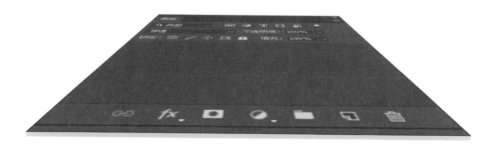

6.2 图层样式

PS提供了各种效果（如阴影、发光和斜面）来以非破坏性的方式更改图层内容的外观。什么意思呢？就是图层本身的样子并没有那么好看，达不到所需的效果，所以就去打扮一番，就像人进行打扮一样，本质上人没变，就是换了妆容和服饰。

利用图层样式，可以将原始图层打扮成各种不同的样子，并且会随着图层的改变而改变。

图层样式可以包括普通图层、文本图层和形状图层在内的任何种类的图层，几乎不受图层类别的限制。

添加图层样式十分简单，有以下两种常用的方法。

用鼠标双击图层空白处

单击图层面板下方的 fx 按钮

之后会弹出【图层样式】对话框，只需将所需的样式效果勾选上，然后再调整其中的具体参数即可。

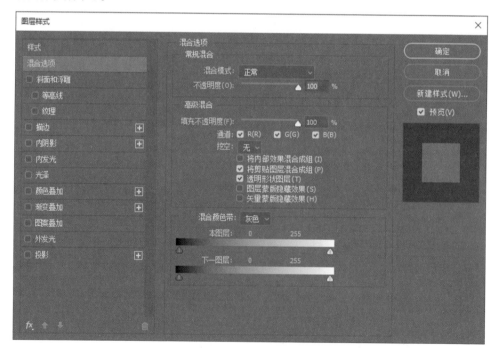

在为图层添加一些效果后，比如投影、内阴影等效果，如果对于添加的位置不太满意，且觉得调整具体参数太麻烦，那么可以在画板中选中相应效果后用鼠标直接拖动。

为图层添加样式后，图层样式的图标 fx 就会显示在图层名称的右侧，添加的样式效果会显示在图层下方。

①　图层样式图标　②　单击以展开/隐藏图层样式　③　应用的样式效果

✨ 图层样式效果一览

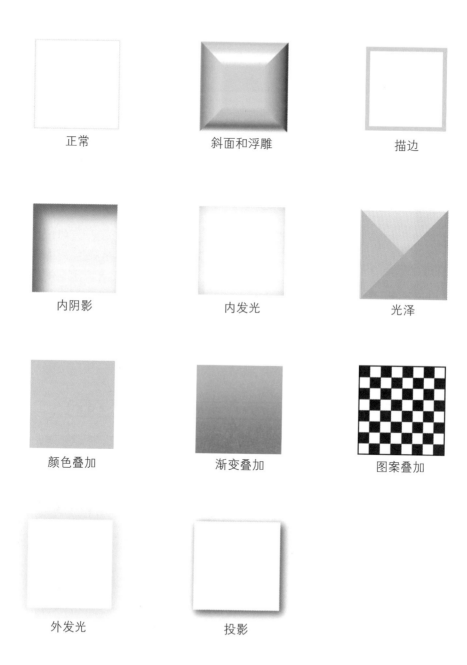

正常　　　　　　　　斜面和浮雕　　　　　　　　描边

内阴影　　　　　　　　内发光　　　　　　　　光泽

颜色叠加　　　　　　　　渐变叠加　　　　　　　　图案叠加

外发光　　　　　　　　投影

以上展示的是每个样式单独应用时的效果，但是在作图过程中，往往不是单独使用某一样式的，而是将多种样式组合叠加在一起的，通常可做出多种混合效果。

当有多个图层需要应用某一制作效果时，只需选中制作好效果的图层，单击鼠标右键，从快捷菜单中选择【拷贝图层样式】命令，然后再选中需要应用样式的图层，同样单击鼠标右键，并从快捷菜单中选择【粘贴图层样式】命令即可。

第7章

给你一点颜色看看：色彩原理

7.1　光与色彩

　　人之所以能够看到这个世界，是因为有光的存在。有了光，万物就有了色彩；如果没有光，那么世界就没有颜色。

有光的世界——色彩斑斓

无光的世界——一片漆黑

光赋予了世间斑斓的色彩，人们平日所见的颜色，主要受以下两种光的影响。

一、自发光。由发光物体本身即光源散发出的光，比如太阳、灯泡、电脑显示器等散发出来的光，光本身的颜色可以直接被看到。

二、反射光。来自物体对光源光的反射，比如月亮、书籍、产品的包装等，物体吸收了部分光，不被吸收的光就反射到人眼，也就是物体的颜色。

色彩的本质

中学物理中介绍过，光的本质是电磁波，一般人的眼睛大约能感知到波长在 400~760nm 范围内的电磁波，这部分光被称为**可见光**。

　　而所谓的色彩，其实是眼睛接受了光线的信息，光线刺激到了眼睛，更确切地说是刺激到了眼睛里的三种视锥细胞，并将信息传递到了大脑，大脑就觉得有了颜色。

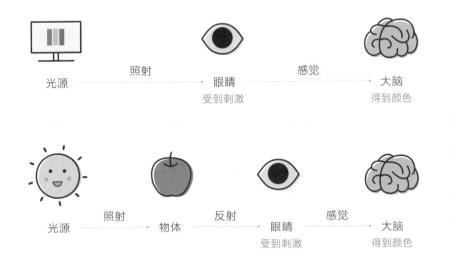

　　所以色彩并不是光本身具有的性质，而取决于光能否刺激到眼睛，就好像红外线、紫外线一样，之所以看不见它们，是因为这些频段的光无法刺激到眼睛。

　　假设以后人类进化出了第四种视锥细胞，能够让眼睛感知紫外线的刺激，那么紫外线也就变成可见光了，同时也就会觉得它有了颜色，像鸟类就可以看到紫外线。

　　同理可知，如果人类少了某一种视锥细胞，那么就接收不到某些频段的光的刺激，那么就会觉得这部分颜色没了，比较常见的就是红绿色盲症。

从左往右：人类看到的，只有紫外线视觉看到的，鸟类看到的

⊗ 为什么使用原色

在很早之前，牛顿通过三棱镜的实验，发现了阳光被分解为一个连续的彩色光谱，这就是著名的色散现象。

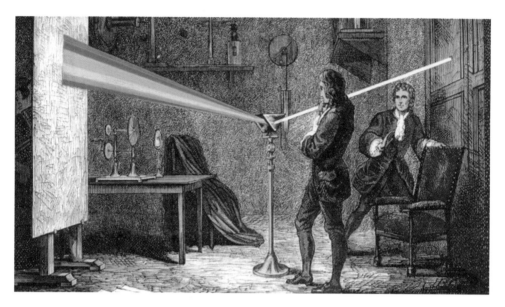

也就是说，人们平时看到的日光的颜色，其实是由这些彩色光对眼睛共同刺激，并且让大脑产生这就是白色的感觉。由此可知，不同颜色的光如果同时对眼睛进行刺激，会让大脑以为看到另一种颜色。

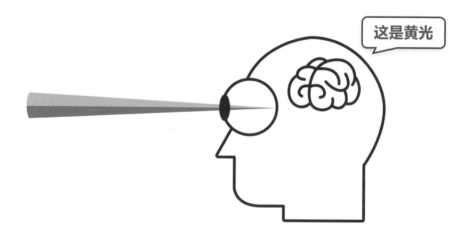

红光与绿光按某种比例混合，对眼睛刺激后产生的色觉可与单纯的黄光的色觉等效。

　　电灯要改变颜色的话就只能更换灯泡；但是平时用的手机就不一样了，它不需要更换屏幕也可以改变颜色，换张图片、看个视频，手机屏幕的颜色就跟着改变，这就意味着手机屏幕装着现实中的所有颜色。

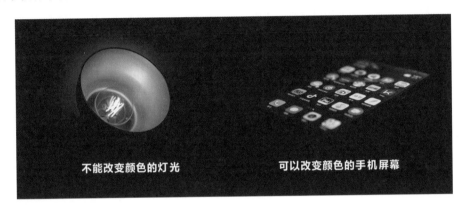

不能改变颜色的灯光　　　　　　　　可以改变颜色的手机屏幕

　　但是现实中的颜色有几百万种，要全部装到手机里面是不可能的，那么屏幕中所看到的颜色又是怎么来的呢？

　　将电脑和手机的屏幕放大来看，可以看到每个像素里面挤着"红""绿""蓝"三种颜色的光源。而刚好"红""绿""蓝"这三种光能够刺激到眼睛，并且这三种光在不同强度下对人眼的刺激能够让大脑以为看到了自然界中所有的颜色，这就是手机屏幕中各色光的来源。

　　因此将"红""绿""蓝"定为原色，也就是常说的R、G、B，拥有原色，就可以看到现实中几乎所有的颜色。

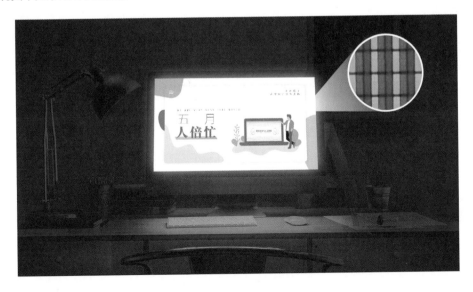

7.2　PS中常用的颜色模式

在新建PS文件的对话框中，需要对颜色的模式进行设置，什么是颜色模式呢？在什么情况下要设置什么样的颜色模式才是比较合适的呢？

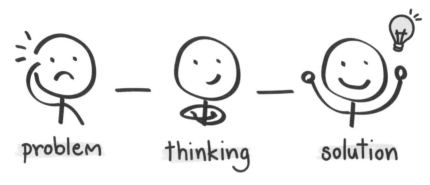

PS中的颜色模式，其实是光的类型和原色的结合产生的产物。前面讲到光分为自发光和反射光，而PS所考虑的是，当人眼面对不同类型的光时，需要选择哪些原色比较合适。

目前PS比较常用的是"RGB颜色"和"CMYK颜色"两种颜色模式。

RGB颜色模式

RGB颜色模式是从颜色发光的原理来设计的，也就是说，RGB颜色模式是基于自发光的颜色模型，因此它适用于所有自发光的电子产品。

那么用RGB颜色模式来模拟自然光的效果，能够模拟出多少种颜色呢？在PS中可以轻松地控制R、G、B三种颜色的数值，从而调整每个原色光的发光强度，以此就可以让人眼感受到"几乎"所有的颜色。

在8位颜色的电子屏幕上，每个原色有2^8（即256）种强度的光，取值为0~255。有三种原色，也就可以产生256^3共16,777,216种颜色。

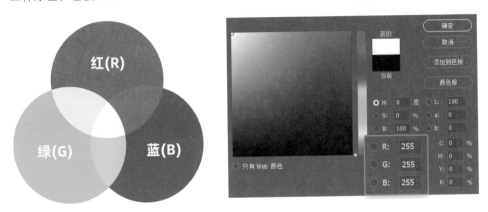

自发光的R、G、B被称为叠加型原色，通俗地讲就是在一间黑暗的房间中，开了红、绿、蓝三盏灯，当灯开得越多时，那么肯定是越亮的，不管灯是什么颜色的。

当三种原色的光逐渐变亮时，不仅是亮度在叠加，同时也会有新的颜色产生。前面讲过，当 R、G、B 以不同强度发光时，就会产生不同颜色的光。这里就展示一下，在原色光源强度逐渐增加的过程中，其颜色是如何变化的。

在菜单栏选择【窗口】-【颜色】命令，调出【颜色】面板。用鼠标左键单击面板右上角的 ，选择【RGB 滑块】，将界面改为 RGB 调整模式。

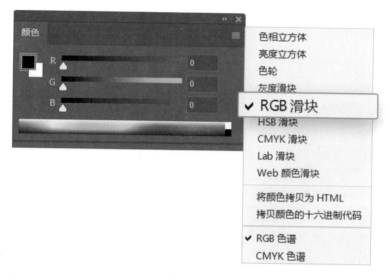

可以看到，R、G、B 三条色带在初始时，滑块都在左边，右边的值为 0，也就是说，三个原色此时都不发光，左边的色块显示当前颜色为黑色。

如果将 R 的颜色滑块往右一直拖动到数值为 255，也就是红色最亮的数值。

随着颜色的不断提亮，左边色块中的颜色也在发生变化，最后变成了纯红色。但是同时可以看到，虽然只是拖动 R 的颜色滑块，但是下方的 G 和 B 两条色带也在跟着一起变化，这又是为什么呢？

这是PS在提醒使用者，该滑块所在位置就是当前颜色，也就是说，当R的颜色滑块处于255的位置时，再往右滑动G的颜色滑块，可往颜色里面添加绿色，当前颜色会慢慢变为黄色；或者将B的颜色滑块往右滑动，那么当前颜色就会变为洋红。

当三个原色的光逐渐提亮的同时，其混合产生的颜色是在改变的。三者数值相同时（即亮度相同）为灰色，三者数值都为0时为黑色，三者数值都为255时为白色。

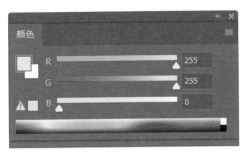 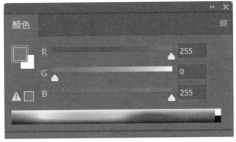

二次色

三原色两两混合产生的颜色，叫作二次色。红色和绿色混合产生黄色，绿色和蓝色混合产生青色，蓝色和红色混合产生洋红。

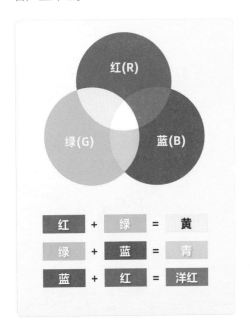

互补色

其中，红色和青色、绿色和洋红、蓝色和黄色互为补色。

以红色和青色为例，青色是由绿色和蓝色混合生成的，不包含红色。它们两个就站在了对立面，称为互补色。

在实际的调色使用中，增加红色，而生成青色的绿色和蓝色不变，整个画面就会偏红，效果相当于减少了青色。

因此互补色在调色中，增加某一颜色就相当于减少其互补色，反之亦然。

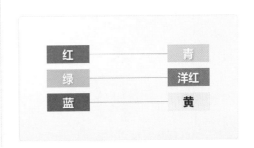

CMYK颜色模式

电子显示屏可以直接发光来模拟自然光，那印刷产品呢？因为印刷产品本身并不会发光，所以必须依靠光线的反射才可以看清。油墨首先吸收一部分照明光，同时反射出不能吸收的部分，这些反射出来的色光再相互混合，最后以混合光的形式进入人眼，在大脑中形成相应的颜色。

比如下面这颗红色的草莓，能够看到它是红色的，就是因为它将蓝色和绿色的光吸收了，只将红色的光反射出来，所以眼睛看到的是红色。

从原理上来讲，如果能够分别将红、绿、蓝三个原色的光反射出来，那么印刷产品在理论上就可以得到和电子显示器同样的颜色。

依上面讲过的知识可知，红色和青色为互补色，印刷青色就是反射出蓝色和绿色的光，将红色的光吸收掉。同理可得，印刷黄色就是吸收蓝色光，印刷洋红就是吸收绿色光，那么只要将两种R、G、B的二次色拿来混合，就能够单独反射R、G、B中的某一原色。

因此将青（C）、洋红（M）、黄（Y）叫作印刷的三原色。

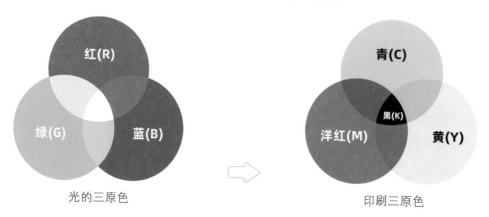

光的三原色　　　　　　　　　　　　　印刷三原色

　　印刷产品并不能像电子显示屏那样通过调节光的亮度来改变颜色，那么如何调控印刷的颜色呢？打印用的是颜料油墨，能够控制的就是油墨的浓度，浓度不同，其反射光的亮度也就不一样。

　　在PS中，C、M、Y、K的取值范围分别为0~100%，不同的取值范围对应着不同的油墨浓度。

　　这里一直讲的是CMY，但是其颜色模型为CMYK，K又是什么呢？从哪里来的呢？

　　反射光的CMYK被称为消减型原色，两种色料混合之后的光度低于各自原来的光度，越多的色料混合进去，被吸收的光线越多，颜色就会变得越暗，通俗地讲就是"越描越黑"。

　　从原理上讲，C、M、Y三种色料混合在一起的时候，会分别将R、G、B的光全部吸收掉，再也没有光线反射出来，也就是说，理论上三种色料混合出来的颜色应该是黑色。但在现实中，油墨不可能100%纯净，导致它们混色产生的颜色并不是黑色，因此就需要额外引入黑色。

　　所以CMYK中的第四种原色K其实就是黑色（Black），黑色和青色、洋红、黄色共同组成印刷的四种原色。

HSB颜色模式

　　HSB 颜色模式并不存在于 PS 的创建界面，那么，它又是怎么一回事呢？它的作用是什么？

　　虽然前面介绍了 RGB 和 CMYK 两种颜色模式，以及它们的使用场景，但是对于人们来说，上面两种颜色模式是相对复杂的，并不符合人的直观感受。比如说看到天空，人们通常会说这天好蓝啊，而不会说这天的 RGB 值为（225,250,249）。

　　而 HSB 颜色模式将主观颜色感知与客观物理测量值联系起来，是基于人眼对色彩直观感受提出的颜色模式，它将复杂化的颜色描述用简单且易于理解的方式表达出来。

当人眼看到颜色的时候，眼睛会从 HSB 三个方面去感觉这个颜色：色相（Hue）、饱和度（Saturation）和明度（Brightness）。

色相（H）就是人们常说的红色、橙色、黄色等可见光谱上看到的不同颜色。

饱和度（S）在通常的认知中，就是颜色的鲜艳程度，颜色太过于刺眼，就是饱和度太高了；而当书籍或本子放久了，开始褪色泛白，就是饱和度降低了。

明度（B）就是颜色在不同强弱的照明光线下会产生明暗差别。

在【颜色】面板上单击右上角的 ，选择【HSB 滑块】，可以看到，色相滑块的单位是度（°），饱和度和明度的滑块用百分比（%）作为单位。饱和度和亮度从低到高用 0~100 来取值比较好理解。

但是色相滑块为什么以度为单位呢？虽然色相也是一个长条，但实际上它是将可见光的光谱首尾相接，做成了一个闭合的圆环，一圈是 360°，每滑动一个角度就代表着光谱上的一种颜色。

因此在 PS 中进行颜色选取和调整时，HSB 颜色模式是更加合适、更加方便的。而在 RGB 和 CMYK 颜色模式下，就算知道想要什么颜色，也不知道应输入什么数值。

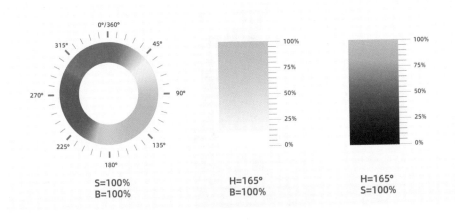

第8章

——

给图层穿上隐身衣：
通道＆蒙版

8.1　**通道**

　　第7章讲到，因为三原色的原因，所以像素表现出来的颜色其实是由R、G、B三种颜色混合而成的。但是一张图片中并不是只有一个像素，而是有无数个像素，并且图片中的每个像素是三种光在不同强度下生成的。

表面看到的图片

　　而通道的作用就是分组，将每个像素的同一原色分在一组，所以在红通道内只能看到红色，不可能看到绿色和蓝色，其他两个通道同理。总的来说，通道就是每个原色的亮度图。

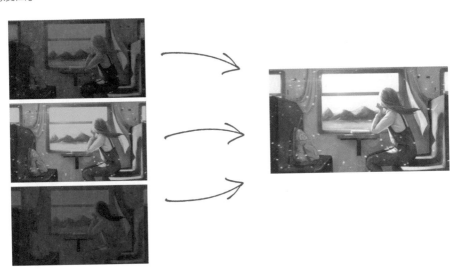

什么是通道

在 PS 中，从菜单栏选择【窗口】-【通道】，可以将【通道】面板调出来，但【通道】面板中三个原色的通道却是用黑白灰来表示的，这又是为什么呢？

下面举个例子来说明。如果一张图片是一个班级的话，那么像素相当于一个个学生。假设有 5 像素 ×5 像素的图片，这个班就有 25 个学生了。

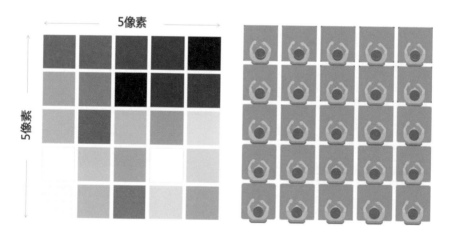

　　三原色相当于每个学生的语文成绩（R）、数学成绩（G）、英语成绩（B），考试规定每个科目的满分是 255（0~255）。

　　当考试成绩出来后，如果语文老师只想看到这个班级语文成绩（R）的好坏分布，用什么方式可以直观地看出来呢？

用数字表示是最不直观的方式；每个分数代表红色通道的亮度，将其转成本来的颜色亮度来看，又因为有颜色的存在，会形成一种干扰。

78	76	56	42	0
144	107	0	33	41
159	77	170	138	224
255	177	136	255	219
245	171	163	199	185

最不直观的数字成绩图　　　　　　　　不那么直观的红色成绩图

所以PS的开发人员想了一个办法，在已知每个通道颜色的情况下，将通道设置为黑白的，以此来表达每个颜色通道的明暗。0分为黑色，255分为白色，这样画面中越接近白色说明这个学生的成绩越高，越接近黑色，说明成绩越低。

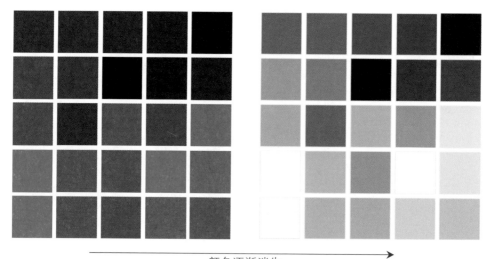

颜色逐渐消失

这也是PS将通道设置为黑白灰的原因所在。在分好组（已知通道颜色）的情况下，颜色已经不那么重要了，如何能一眼看清明暗关系才是最重要的。

☆ 通道的作用

网上流传着一句话：通道即选区，通道在 PS 中最常见的应用就是利用其特性来辅助抠图。前文讲到，通道的作用就是让人能够清晰直观地了解明暗关系，所以通道可以抠图的原因也在于此。

比如下面这张图片，如果想从图中把树抠出来，用选区工具并不现实，使用通道是最好的办法。

观察这张图片，对照一下三原色的原理图可以发现，树是黄色的，黄色是绿色和红色混合形成的颜色，而背景的天空是蓝白色，刚好在黄色的对立面。

由此可以知道，在蓝色通道中，天空部分是亮的，而树是暗的。

在这个明暗对比最强的通道中，只需按住 Ctrl 键并单击通道缩略图，就可以在白色（亮的区域）区域形成选区，然后按 Ctrl + Shift + I 组合键反选，就可以选中黑色区域。

此时需要先选择RGB复合通道，再回到图层中。然后按 Ctrl + C 组合键复制选区内的区域，再按 Ctrl + V 组合键就可以轻而易举地将树抠出来了。同样的方法可以用在扣发丝、婚纱等场景，只要有明暗对比强烈的通道存在，就可以进行复杂的抠图。

8.2　蒙版

在画画的时候，如果不小心手抖了一下，画错了，这画错的地方应怎么处理呢？用剪刀剪掉？这样操作的话这张画就废掉了。

而在 PS 中作图时，我们经常会这样做，比如，抠图都是在建立选区后删除背景，这样看起来好像没问题，但是一旦在操作过程中出现失误，原图都没了，想补救都没有机会。一直撤销？那之前的操作都得重来。

这个时候就需要使用蒙版了，蒙版的英文单词是 Mask，有遮盖、面具、遮罩的意思。就好像油漆工在喷漆的时候，如果需要喷字或者形状，就会找一块板子，按照所需要的形状做镂空，这块板子就是蒙版。

蒙版有两个作用，一个是字面上的意思"遮罩"，起遮挡作用，将图层中不想被人看到的区域给遮挡隐藏住；另一个是保护图片，因为遮挡是用蒙版遮挡，而不是直接将图片中不需要的东西擦掉，这样就可以保护图片不被破坏，可保持图片原来的样子。

◐ 图层蒙版

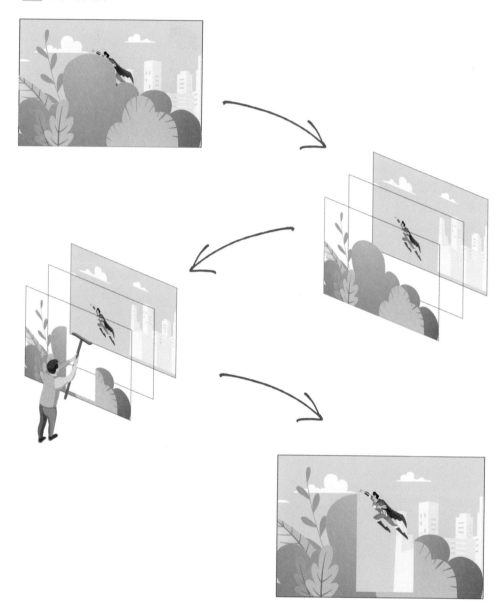

　　上面这张图片实际上是由三个图层构成的，但是中间图层中的超人被前面的草堆给挡住了。如果想看到第二层的超人，就得用橡皮擦将草堆擦除，而擦除草堆之后虽然可以看到下层的图片，但是第一层的图片也就被破坏了，不能恢复了。

这时只需选中草堆图层，然后单击【图层】面板中的  图标，就会在草堆图层边上创建一个蒙版，原本的图片和蒙版通过中间的 🔗 链接起来，共用一个图层。

但是此时的蒙版并没有起到遮挡隐藏的效果，草堆还是会挡住下面的超人。创建出来的蒙版通常为白色，而黑色的才会有隐藏的效果，所以这时需用【画笔工具】🖌 将需要隐藏的部分涂成黑色。简单来说，黑遮白显，灰色就是半透明。

而选区的原理与此类似，选区是将需要的画面选出来，换句话说，就是将不需要的地方给隐藏掉，所以在已有选区的情况下，单击【图层】面板中的 ▣ 按钮就会沿着选区创建图层蒙版，直接将不需要的地方隐藏掉，无须手动涂抹。

⬇ 剪贴蒙版

在很久以前，剪贴蒙版并不
叫剪贴蒙版，而是叫剪贴图层，剪
贴蒙版是由多个图层组成的群体组
织。它的遮挡效果主要依靠下方的
图层，以下方图层中的图片或形状
的轮廓，将上方图层超出下方轮廓
的部分遮挡隐藏掉。

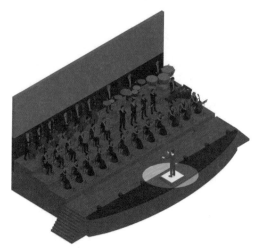

下方的图层就好像是一个聚光
灯的效果，只照亮那一块区域，上
方的图层可以自由活动，只是超过
了那块区域就看不到了。

例如下面这个案例。望远镜里的风景其实应该只在望远镜中，而不应是这样四四方
方的一张图片，所以利用剪贴蒙版可以将效果做成下面这样。

先将看风景的图片拖到 PS 中，沿着望远镜口的轮廓画一个圆形，然后再将风景图片拖入 PS 中。

将风景图片移动到望远镜口的位置，将光标移至"风景"图层和"椭圆 1"图层中间，按住 Alt 键，看到光标变成 ⬇□ 后，单击一下鼠标。

这个时候，上方的图层就被限制在下方圆形图层中了，上方图层会往右边缩进一小块距离，并且在缩进的区域会出现 ⬇ 图标以表明做了剪贴蒙版。

剪贴蒙版和图层蒙版的区别在于，在剪贴蒙版中，上一图层怎么移动，显示的区域都只能是下方的图片轮廓；而图层蒙版是与图片链接在一起的，图片移动，蒙版也跟着移动，会造成下图所示的这种效果。

剪贴蒙版

图层蒙版

第9章

千变万化不离其宗：绘制工具

9.1 钢笔工具

在前面讲到，选区主要是依靠选区工具框选而形成的，偶尔复杂的边缘（如发丝，羽毛等）可依靠通道选取。但是选区工具在使用的过程中因为无法做到实时修正，只能在过后进行修改，所以很大程度上会限制选区的精细程度。

而使用钢笔工具，可以先沿着物体的轮廓创建一个可调整的路径，当确定路径已经完美契合物体轮廓时，再将其转化为选区。

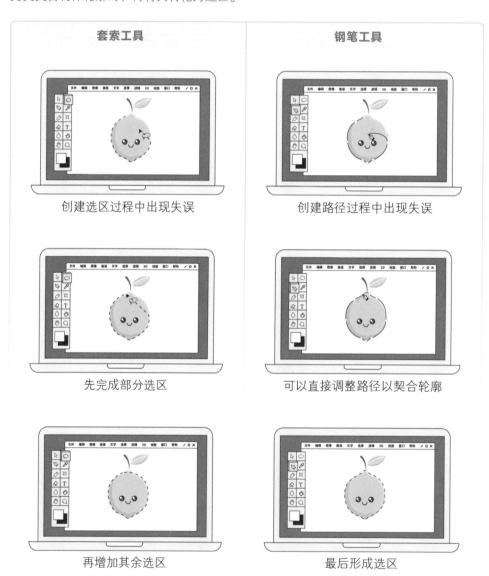

初识路径

选区是 PS 的三大基础概念之一，路径是形成选区的基础。路径本身看起来平淡无奇，但是它具有灵活和矢量的特点。灵活就是上面讲过的，可以自由修改和调整；而矢量是因为路径是由线条构成的，因而可以无损缩放。

钢笔工具和形状工具绘制出来的就是路径。形状工具用于绘制常规形状路径（如矩形、圆形等）；而钢笔工具可以用来自由发挥，随意绘制。

创建路径

钢笔创建的路径有两个常用功能，一个是创建选区，另一个是绘制形状。不管使用哪个功能，都需要通过创建路径来达到目的。

选择【钢笔工具】 ▪ ⟨钢笔工具　　　P⟩ 即可创建路径，路径由一个或多个直线段或曲线段组成，而构成线段的端点则被叫作锚点。

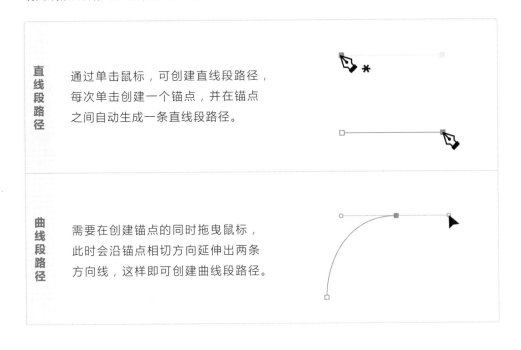

直线段路径	通过单击鼠标，可创建直线段路径，每次单击创建一个锚点，并在锚点之间自动生成一条直线段路径。
曲线段路径	需要在创建锚点的同时拖曳鼠标，此时会沿锚点相切方向延伸出两条方向线，这样即可创建曲线段路径。

直线段上没有方向线，或者只有一条方向线，无方向线一端为直线，有方向线一端为曲线；在曲线段上，每个选中的锚点显示一条或两条方向线，方向线以方向点结束，方向线和方向点的位置决定曲线段的大小和形状。

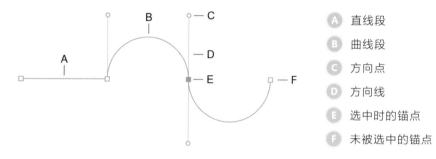

A 直线段

B 曲线段

C 方向点

D 方向线

E 选中时的锚点

F 未被选中的锚点

其中锚点也分为两类，当其两边的方向线为对称180°角时，曲线平滑，被称为平滑点；当两端方向线的角度不为180°或者只有一条方向线时，曲线锐化不平滑，该锚点被称为角点。

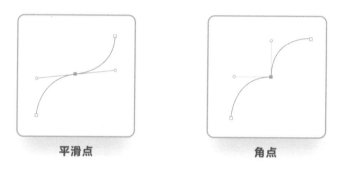

平滑点　　　　　　　　　　　　　角点

最后，路径可以是闭合的，起点即是终点（如圆形），这叫作封闭型路径；也可以是开放的，端点不闭合（如线段），这叫作开放型路径。其区别在于结束路径的方式。

封闭型路径

光标回到起点变成 ◆。时，
单击鼠标左键即可结束绘制

开放型路径

按 Esc 键即可结束绘制

路径的调整

　　路径的好处在于，在创建过程中可以随时进行调整和修改，其可控性和灵活性可以让操作者又快又好地达到目的。那么路径在绘制的过程中该怎样调整呢？

增加锚点

将光标移至已画好的路径上，光标变成 时单击即可增加锚点。

删除锚点

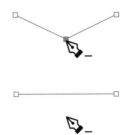

将光标移至需删除的锚点上，光标变成 时单击即可删除锚点。

调整双边方向线

当按住 Ctrl 键的时候，光标会变成 ，选中相应锚点的方向点即可进行调整。

方向线角度保持180°是双边调整，被控制端的方向线长短是单边调整。

调整单边方向线

当按住 Alt 键的时候，将光标移动到方向点上时，光标变成 。

此时按住鼠标可以单独控制一边方向线的长短及角度，使曲线不再平滑，转为角点。

移动锚点

当按住 `Ctrl` 键的时候，光标会变成 ⬡，此时就可以移动锚点，但不会删除锚点。

移动线段

当按住 `Ctrl` 键的时候，光标会变成 ⬡，此时选中相应线段，就可以将其移动。

平滑点和角点的转换

当按住 `Alt` 键的时候，将光标移动到锚点或方向点上时，光标变成 ⬡。

1. 将光标移动到平滑点上，单击一下，平滑点就变成角点。

2. 用鼠标按住角点并进行拖曳，可拉出方向线，将角点转化为平滑点。

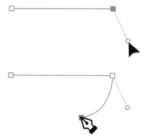

当按住 `Alt` 键的时候，将光标移动到开放型路径的边缘锚点时，光标变成 ⬡。

1. 将光标移动到平滑点上，单击一下，平滑点就变成角点。

2. 用鼠标按住角点并进行拖曳，可拉出方向线并只会对下一锚点产生曲线。

◇ 选区与形状

创建路径并不是目的，而是通向目的地的一条比较便捷的路。使用钢笔工具创建路径的时候，其选项栏中会有三个【建立】可选，其中有【选区】、【蒙版】、【形状】。

当创建好路径之后，只需根据自己的需求单击其中的一个即可。

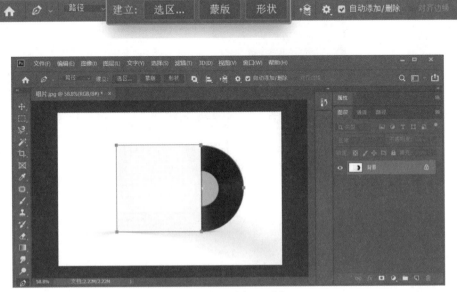

根据轮廓创建好的路径

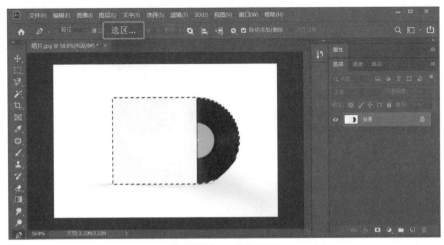

路径消失，转为选区

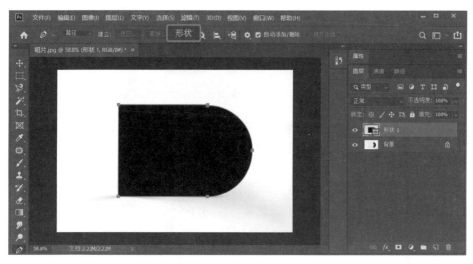

转为形状并自动建立一个新的形状图层

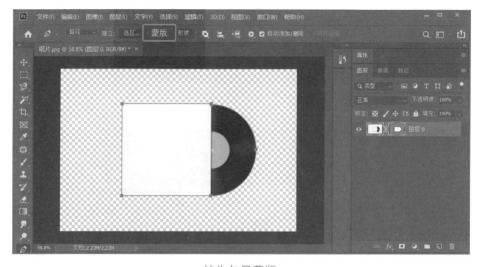

转为矢量蒙版

矢量蒙版与图层蒙版类似，但其特点在于转为蒙版之后仍然保持路径，因此在后期的作图过程中，如果需要调整被遮挡的区域，只需重新调整锚点就可以了。

⊕ 贝塞尔游戏

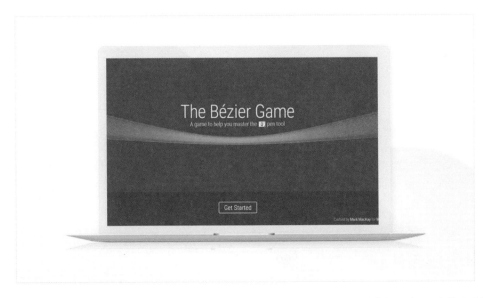

贝塞尔游戏是一款可以在线练习钢笔工具的小游戏，一开始会有教程提示在什么样的情况下使用什么快捷键可以更方便、更好地画出需要的路径。

画直线

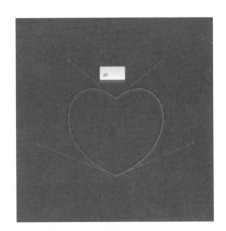

画曲线

提示结束后，会有实战练习。根据网站所给的图形绘制路径，绘制结束后，下方会显示绘制过程中所用的锚点的数量，并且说明最适合的锚点数量应该是多少，用以激励练习者做得更好。

9.2 形状工具

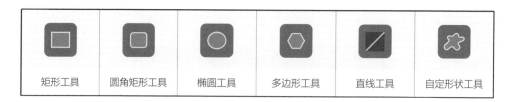

| 矩形工具 | 圆角矩形工具 | 椭圆工具 | 多边形工具 | 直线工具 | 自定形状工具 |

（快捷键是 U，按 Shift + U 组合键可以切换小工具）

按住 Shift 键拖动绘制形状时，可以将矩形工具、圆角矩形工具和多边形工具约束为正多边形，将椭圆工具约束为圆形，将直线工具限制为 45° 的倍数，并使自定义形状能够等比缩放。

按住 Alt 键拖动绘制形状时，可以将形状从中心开始绘制，同时按住 Shift 和 Alt 键，即可从中心开始绘制并约束为圆形。

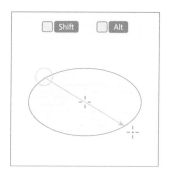
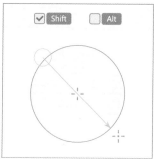
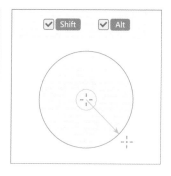

圆角矩形

从菜单栏选择【窗口】-【属性】，在【属性】面板中可以调整圆角大小。

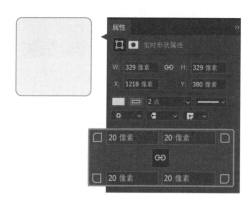
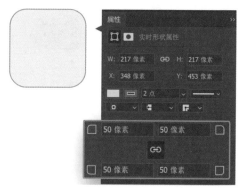

多边形工具

在选项栏中可以修改边的数量，使用路径选项 ⚙ 可以调整形状为平滑拐角或
星形。

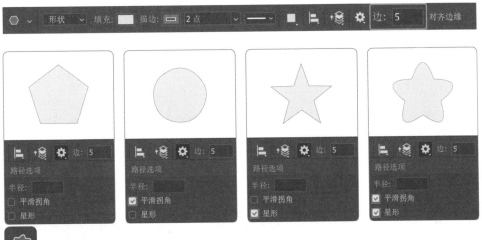

 自定形状工具

在选项栏中可以选择特殊形状，单击 ⚙ ，可以选择更多的形状和设置。

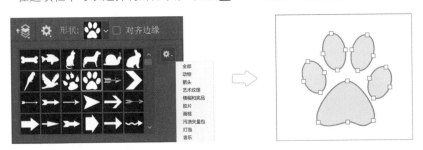

从菜单栏选择【窗口】-【属性】，在【属性】面板中可以调整形状的填充颜色和描
边的颜色、粗细、形态等属性。

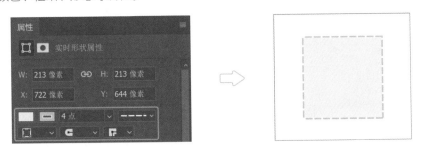

如果想设置填充渐变色或增加投影等复杂的效果，则需要通过图层样式进行调整，
具体调整方法可见6.2节。

布尔运算

布尔运算就是通过某种运算，将两个或两个以上的基本形状通过合并、相交、相减等操作形成一个新的形状。当看到下面这个图形时，第一反应肯定是将两个圆相交在一起，删掉中间重叠的部分，而不是用钢笔去画。布尔运算的作用就是绘制此类较为复杂的形状。

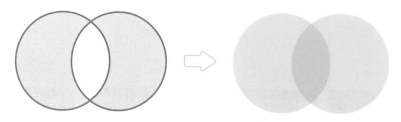

在选中形状工具之后，选项栏中会出现布尔运算的按钮，单击后出现以下选项。

新建图层
布尔运算的默认选项为【新建图层】，插入形状时会自动新建一个图层。

合并形状
插入新的形状后，自动与现有的形状合并成一个形状。
按住 Shift 键后，光标变成 ⊹，此时插入的形状就自动合并了。

减去顶层形状
插入新的形状后，自动从现有形状中减去新的形状。
按住 Alt 键后，光标变成 ⊹，此时插入的形状就自动减去了。

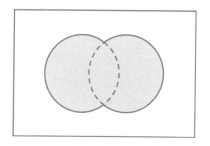

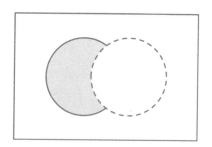

与形状区域相交
插入新的形状后，得到的形状为
现有形状与新形状相交的区域。

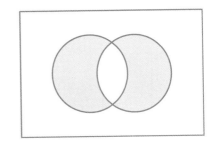 **排除重叠形状**
插入新的形状后，得到的形状减
去了重叠的区域。

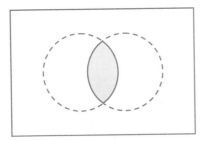

 合并形状组件
选中同一图层内的多个形状，单击此命令，即可将多个形状合并为一体。

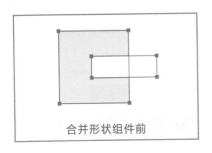 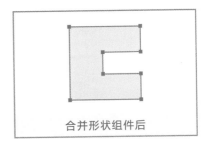

合并形状组件前　　　　　　　　　　　　　　合并形状组件后

≡ 选择工具

 路径选择工具（快捷键 A）
可以直接选中路径与形状，并跳转至选择的图层。
在选项栏中可以选择应用于【现有图层】或【所有图
层】。若选择了【现有图层】，则只能选中所选图层
内的形状和路径；若选择了【所有图层】，则可以选
中所有的路径和形状。按住 Shift 键可以连续选中
多个路径与形状。

路径选择工具

 直接选择工具（快捷键 A）
与【路径选择工具】类似，可以直接选中路径与形
状，并跳转至选择的图层。区别在于直接选择工具
可以选中锚点，但无法移动整个形状和路径，而路
径选择工具无法选中锚点。

直接选择工具

注意

布尔运算只能作用于同一图层内的形状。若形状在不同的图层内，则应选中需要合并的图层，按 Ctrl + E 组合键合并图层后，即可对形状进行布尔运算。

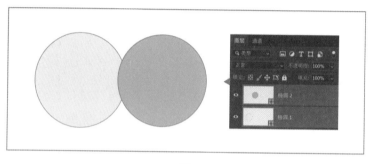

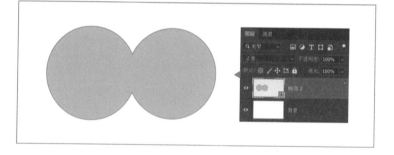

第10章

气色不好调下就好：
调整图层

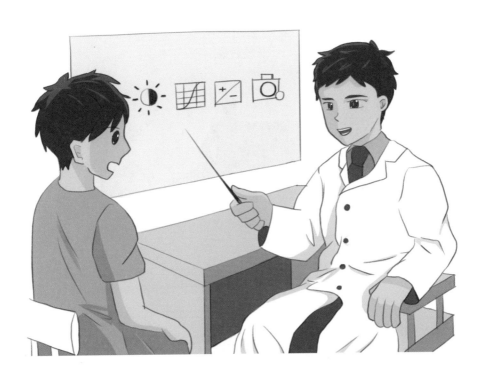

10.1　调整图层的作用

　　调整图层作为图层的一种，它本身是没有什么意义的，它存在的意义在于可以对图片图层进行调整，只有依附于其他图片图层，它才能够发挥应有的作用。

　　就好像拍摄时的打光一样，如果没有主体，那么灯光也没有意义；再者，添加灯光可以让拍摄出来的效果更加完美，但是拍摄的主体本身并不会因此有什么本质上的改变。

原始效果

打光后（添加调整图层后）

在对图像进行的众多操作中，除去对图像的修复之外，其他大部分操作是对图像的明暗和颜色进行调整，以达到比较理想的状态。而能够对图像进行明暗和颜色上的调整，也主要依靠于调整图层。

在PS中，单击【图层】面板底部的 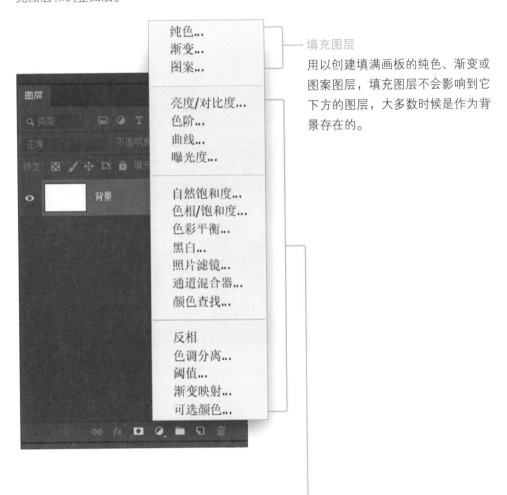 就可以创建各种类型的图层，PS将其分为填充图层和调整图层。

填充图层

用以创建填满画板的纯色、渐变或图案图层，填充图层不会影响到它下方的图层，大多数时候是作为背景存在的。

调整图层

可以将其拆分成"调整"和"图层"两部分来解读：

"调整"说明其本身具有调整图片的能力，可以无损地编辑图层，它对图像本身没有损害。

"图层"说明其具有图层的特性，可以影响下方图层而不破坏它，也可以添加蒙版来控制要调整下方图层的哪部分。

10.2　明暗调整图层

在 PS 中置入一张图像，在菜单栏中选择【图像】-【模式】-【灰度】，图像会变成黑白图像。此时再调用调整图层命令会发现调整图层部分变成灰色，无法添加，这是为什么呢？

因为这时图像已经变为黑白图像，不存在颜色，因此用于调整颜色的调整图层就无法使用了，能够调用的只有能够调整图像明暗的明暗调整图层，其中包括亮度/对比度、色阶、曲线等。

其中色阶和曲线是重中之重，而为了更好地使用明暗调整图层，需要看懂直方图，并和直方图一起搭配使用。明暗调整图层部分会以直方图为基础，向色阶和曲线进行延伸讲解。

直方图

直方图犹如医院的检查数据，用图片将检查的结果呈现出来。可以从直方图中了解一张图片的大小、明暗、高光等信息。也只有在知道这些信息之后，才能知道如何进行调整。那么什么是直方图呢？

将一张图片比作一个班级的话，那么每个像素就是一个学生，考试成绩（0~255）出来后，老师将相同分数的学生放在一起并统计每个分数有多少人，做成一个柱状图。

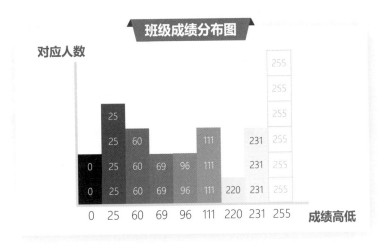

而直方图就是这样一个柱状图，它将图片中相同亮度的像素放在一起，横轴为像素亮度，纵轴为像素数量，以此可以更方便地看出图片中的明暗关系。

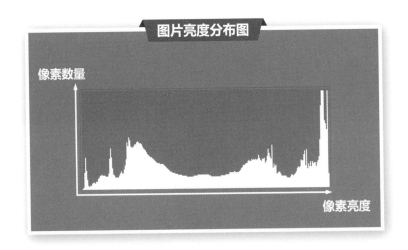

从菜单栏选择【窗口】-【直方图】，可以将【直方图】面板调出来，通常主要观察的是 RGB 直方图。依照前面讲解的原理可知，通过直方图就可以大概了解一张图片的明暗程度。

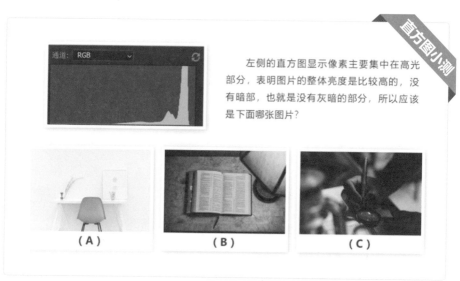

那么如果存在直方图一样的图片，这两张图片会长一样吗？答案一定是否定的，直方图只是记录像素的亮度和数量信息，图片中的像素信息还包括其所在位置，就像拼图一样，所有的拼图和颜色都是一样的，但是拼图的位置不一样，拼好的图片就不一样。

在学会看直方图后，要怎样根据直方图的展示去辅助调整图片呢？

比如下面这张图片，相对来说是比较灰暗的，直方图中缺失了高光和阴影部分，所以整体看起来陈旧、灰蒙蒙的，效果不怎么好。

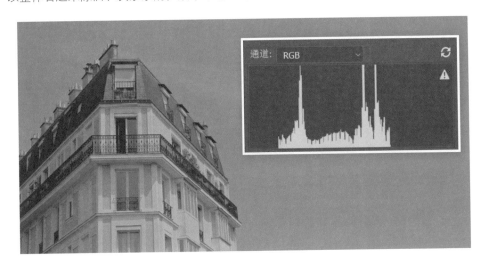

要怎样调整成下面这种效果呢？下面这张图片的效果，看起来比较清新明亮，通过它的直方图可以看出，其像素分布是比较平均的，从高光到阴影暗部都有，所以整张图片是比较鲜艳饱和的。

在不调色的情况下，只需用色阶调整一下，将直方图拉伸开来，让亮部和暗部均有，这样图片的整体状况就会好很多。所以在已知原图直方图的情况下，思考一下需要调整的目标直方图应该是什么样，然后再动手去做。

色阶

还是将图片比作一个班级，每个像素就是一个学生，考试成绩（0~255）就是像素的亮度，然后将相同成绩的学生排成一列，不同成绩就排在不同列，列队成直方图。

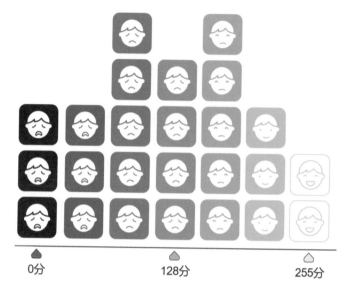

列队排好之后，学生站着不动，色阶上场了。色阶的作用就是重新定义成绩（像素的亮度），比如色阶将这次分数102定义为0分，那么考102分及以下分数的人就都为0分（黑色），然后0~255的分数就在剩余的那些人中按原本的分数高低顺序重新分布。

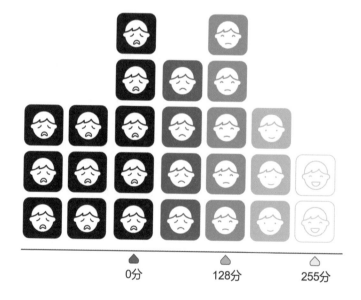

单击【图层】面板底部的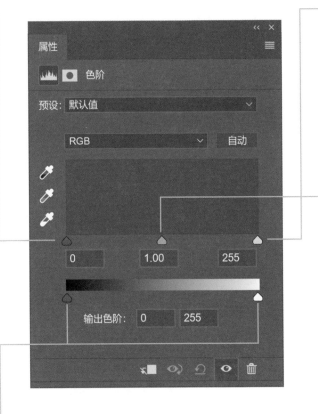，可创建【色阶】调整图层，在【属性】面板中可以看到色阶的模样。色阶是依靠直方图进行调整的，所以它中间最大的区域就是直方图，以方便观察和操作。

黑场输入滑块（阴影）

它所经之处都是黑色，当将黑场滑块向右滑动时，其左边的像素都填充为黑色，右边的像素则在0~255之间重新分布。

白场输入滑块（高光）

它所经之处都是白色，当将白场滑块向左滑动时，其右边的像素都填充为白色，左边的像素则在0~255之间重新分布。

灰场输入滑块（中间调）

它决定灰色（127）所在的位置，当位置确定后，0~127在其左边重新分布，127~255在其右边重新分布。数值1.00代表右边白场和左边黑场的比例。

输出色阶滑块

因为输入滑块只能定义哪里为黑色、哪里为白色（定义谁为最高分、谁为最低分）而无法定义黑场有多黑，白场有多白（无法定义最高分是几分），所以就需要输出滑块来定义黑场的黑是什么黑，白场的白是什么白。

例如：当左边的输出色阶滑块往右移动至50的地方时，那么50度灰就是整张图片的最深色，50~255的亮度就会从左到右在所有像素上重新分布。

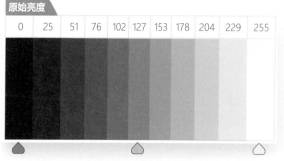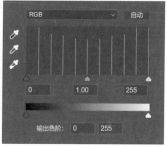

以上方图片作为案例进行原理性讲解，图片从左到右依次为纯黑色，不同亮度的灰色和纯白色共 11 个区域，在演示色阶调整的过程中，可以清晰地看到各个区域的明暗变化。

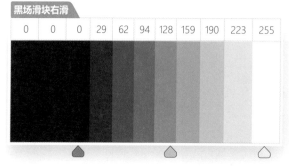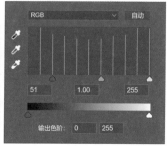

将黑场滑块往右滑动至色阶 51 的位置，可以看到原本 0~51 的像素全部变成黑色（0），暗到亮（0~255）则被挤压到其右边的像素上重新分布，**总的来说是增加阴影**。

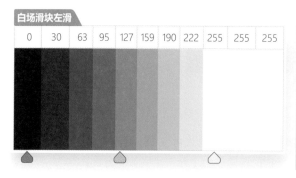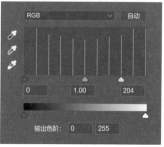

将白场滑块往左滑动至色阶 204 的位置，可以看到原本 204~255 的像素全部变成白色（255），暗到亮（0~255）则被挤压到其左边的像素上重新分布，**总的来说是增加高光**。

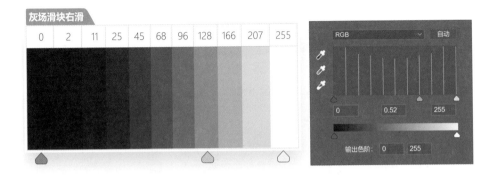

将灰场滑块往右滑动至色阶178的位置，白场和黑场的比例为0.52，原178亮度的像素就变为128的亮度，其余暗到灰、灰到亮就会以灰场为分界在其余像素间重新分布。

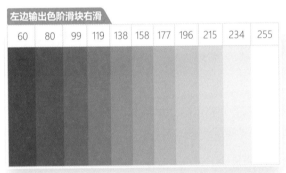
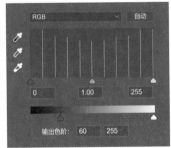

左边的输出色阶滑块往右移动至60的位置，亮度为60的灰色就为画面中最暗的颜色，60~255的色阶就在所有像素上重新分布，**总的来说是减少阴影**。

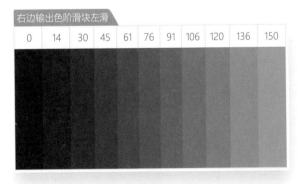
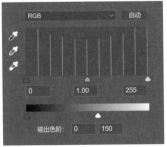

右边的输出色阶滑块往左移动至150的位置，亮度为150的灰色就为画面中最亮的颜色，0~150的色阶就在所有像素上重新分布，**总的来说是减少高光**。

　　下方图片中阴影部分太过厚重，直方图也证明了这一点，像素主要集中在中部灰色区域，所以整体画面是没有高光的；但其阴影部分最暗处为黑色（亮度为 0），这就导致了阴影的细节缺失，所以需要通过调整将其暗部的细节呈现出来。

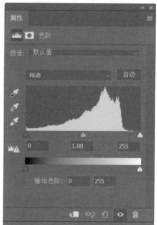

　　图片的问题在于阴影部分太暗，所以要调整色阶让阴影没有那么暗，换句话说，就是要重新定义黑色，让它不再那么黑，从而减少阴影。

　　要达到这个目的，可以借助输出色阶滑块，输出色阶滑块的功能就是重新定义黑色和白色，因此当左边的输出色阶滑块移动至 71 的地方时，该亮度就被定义为最黑，可以看到画面中的阴影部分就十分清晰了。并且因为阴影已经不是纯黑（亮度为 0），高光部分没有像素存在，调整后也不会太暗，整个画面也就显得相对温和了。

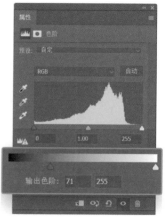

曲线

单击【图层】面板底部的 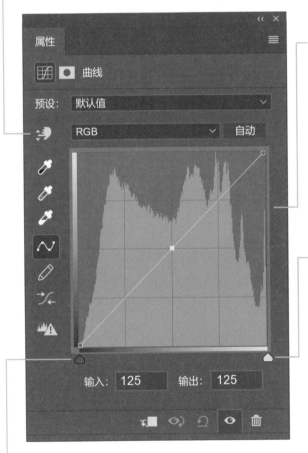，可以创建【曲线】调整图层，在【属性】面板中可以看到【曲线】面板。【曲线】面板主要由主功能区、黑场滑块、白场滑块及曲线调整工具组成。

调整图像特定位置的亮度

在图像上单击并拖动可修改曲线，从而能够调整图像中某一特定点的亮度，做到指哪儿打哪儿。

主功能区

由曲线、锚点、直方图组成，用鼠标左键单击曲线可以增加锚点，通过锚点可约束曲线的形状。曲线控制输入和输出的数值以调整图像明暗的变化。

调整高光输入色阶

它所经之处都是白色，当将白场滑块向左滑动时，其右边的像素都填充为白色，左边的像素则在 0~255 之间重新分布。

调整阴影输入色阶

它所经之处都是黑色，当将黑场滑块向右滑动时，其左边的像素都填充为黑色，右边的像素则在 0~255 之间重新分布。

在 PS 中，色阶好比左边的手机，曲线好比右边的手机。虽然都是手机，但是右边的就是比左边的好看。色阶能做到的效果，曲线一定能做到。而曲线能做到的效果，色阶就不一定都能做到了。

还是用学生成绩来举例说明曲线，考试分数出来了，老师想根据课堂表现来额外修改分数，这时就可以通过曲线来批量修改。输入（X 轴）用改前表示，即老师改之前的分数；输出（Y 轴）用改后表示，即老师改之后的分数。在坐标轴上画一条直线，这条线对应的 X、Y 轴分数都是一样的。这就是曲线还未调整之前的形态。

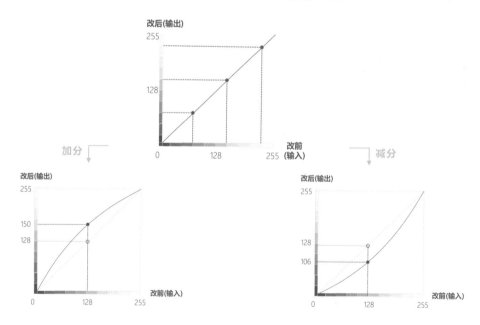

将曲线向上拉动，同学们的成绩都发生了变化，比如之前的 128 分变成了 150 分，都加分了。

将曲线向下拉动，同学们的成绩也都发生了变化，比如之前的 128 分变成了 106 分，都减分了。

可以将上例简单地理解为曲线被分为两个区域，上半区为加分区，下半区为减分区，往加分区拉动曲线，图片的亮度就会提高；往减分区拉动曲线，图片的亮度就会降低。

接下来，介绍一些常用曲线及对其调整后图片会产生的效果。

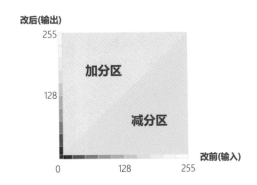

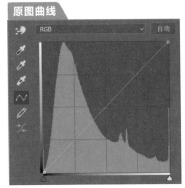

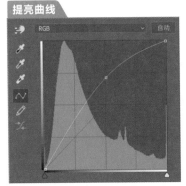

将曲线往上半部的加分区拖动，图片整体提亮了，常用来增加图片的亮度。它主要用来提高中间调的亮度，因为照片的像素集中在中间调，所以用这种曲线提高亮度效果会非常明显。

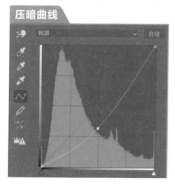

　　与提亮曲线相反的就是压暗曲线，常用来降低图片的亮度。它主要降低中间调的亮度，因为照片的像素集中在中间调。

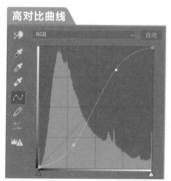

　　高对比曲线也称为"S形曲线"，将亮度较高的锚点往上半部的加分区拖动，将亮度较低的锚点往下半部的减分区拖动，使得高光区域更亮，阴影部分更暗，从而增加对比度。

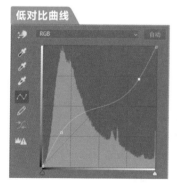

　　与高对比曲线相反的就是低对比曲线，也称为"反S形曲线"，降低高光区域的亮度，增加阴影区域的亮度，从而使图片更加柔和。

10.3　颜色调整图层

　　色阶和曲线虽然也可以通过单独调整颜色通道来达到调整颜色的目的，但是能够对图像明暗色调进行精细调整的只有它们，所以将它们安排在明暗调整图层里进行讲解。

　　接下来要讲解的颜色调整图层，其主要功能就是调整图像的颜色，而对图像色调的作用较小，包括色相/饱和度、可选颜色、色彩平衡等。

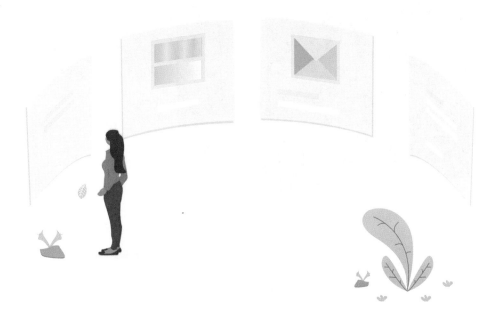

◯ 色相/饱和度

如果对图像中的颜色不满意，那么色相/饱和度就是调整颜色的不二之选，它会以最直接的方式调整图像中特定颜色范围的色相（即颜色）、饱和度和亮度，或者同时调整图像中的所有颜色。Tips：以下为全图模式下的属性面板。

图像调整工具
单击该工具按钮后，光标会变成 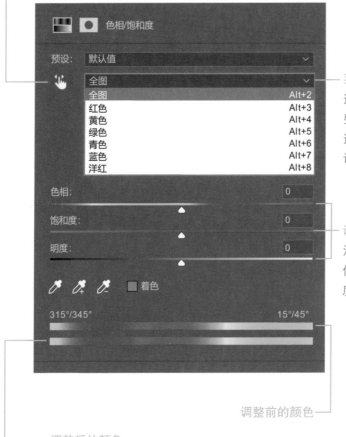。
在图像上单击并拖动可修改吸取点的饱和度；
先按住 Ctrl 键再进行单击并拖动可修改色相。

菜单
选取【全图】可以一次调整图像中的所有颜色。
选取其中的一种颜色可以调整图像中选定的颜色。

调整滑块
滑动相应的滑块可修改图像中的色相、饱和度和明度。

调整前的颜色

调整后的颜色
两个色带主要用来上下对比观察，可以明确地知道上方的颜色被调整为下方的什么颜色。

在色相/饱和度调整图层中，修改图像颜色是其主要目的，也就是说，色相滑块的调整占主要部分，其参数值的可调整范围为−180~+180，叫作调整角度。

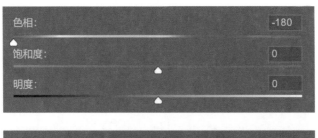

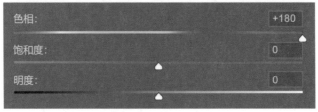

怎么理解呢？在"色彩原理"中讲过，色相上用于调整的色带本质上是色环，只不过是将其剪开，拉成一横条，但是实际调整的还是色环。在色相上输入的数值反映像素原来的颜色在色环中旋转的度数，范围为−180~+180，正好是一圈360°。

下面会以案例展示调整色相滑块时，图像中的颜色是如何变化的，操作时还是以色环进行操作，这样更加方便理解。

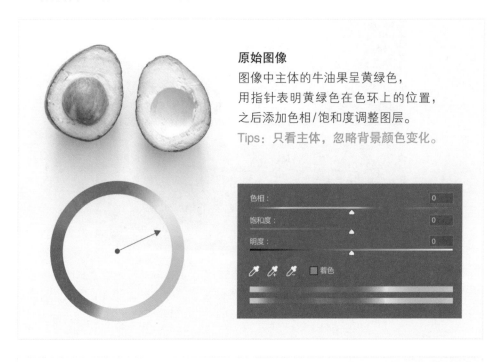

原始图像

图像中主体的牛油果呈黄绿色，
用指针表明黄绿色在色环上的位置，
之后添加色相/饱和度调整图层。
Tips：只看主体，忽略背景颜色变化。

色相值调整到 +90

此时将色环里的指针沿顺时针方向旋
转90°，牛油果由黄绿色变为青绿
色，色相/饱和度面板中的两条色带也
表明原始颜色被更改为下方的颜色。

上面的案例是在【全图】菜单下进行调整的，所以整张图片包括背景都在跟着一起变化，我们只不过是以主体来进行讲解。那么如果只改变图片指定颜色的话，又该如何操作呢？

比如想修改某一图片中的红色区域，就需要重新认识一下在选取颜色后的【色相/饱和度】属性面板。

吸管工具
当需要调整图片中的指定颜色时，用吸管工具吸取一下就可以选定该颜色。
🖊️用来增加颜色范围，🖊️用来减少颜色范围。

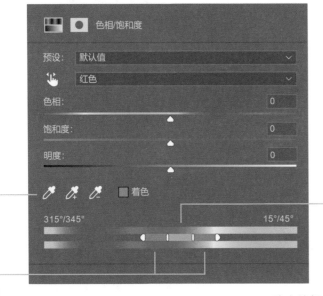

选中的颜色
该区域中的颜色会随着【色相】滑块的滑动而改变，100% 被调整。

相邻的颜色〔过渡色〕
左右两边为色彩过渡区域，部分受到调整，以保证图片调整得比较均匀，不会出现明显的色彩断代。

通过在属性面板中的第二个下拉菜单中选择【红色】，也可以用图像调整工具或者下方的吸管在图片中进行吸取。吸取颜色后，属性面板下方的两条观察色带中间就会出现四个滑块，四个滑块形成三个区域，其功能说明如上。四个滑块可以分别调整，用以调整三个区域的颜色范围。

　　在下拉菜单中选择【红色】后，下方色彩出现了选定颜色和过渡色的区域，此时滑动调整滑块，只会修改该区域的颜色。

　　将【色相】滑块往左滑动到"-103"，同时将【饱和度】滑块往左滑至"-49"，下调其饱和度。可以看到草莓颜色变成了紫色，除此之外的其他颜色区域不受影响，下方色带显示，中间选定区域完全被修改掉，两边则完美过渡。

将【色相/饱和度】面板中的【着色】复选框勾选上，此时原图变成一张单色调的图片（【色相】参数为 0，【饱和度】参数为 25，【明度】参数为 0），面板中所有用于选取颜色的工具都无法使用，只能滑动三个调整滑块修改图像颜色。

Tips：虽然在该情况下图像只有一种颜色，但是着色是根据原图的明暗程度来进行的，暗的区域着暗色，亮的区域着亮色。因为黑白无色彩，所以通常使用着色来修改图像中的黑白区域。

注 意

【色相】滑块所指向的颜色并没有什么意义（勾选【着色】情况除外），因为一张图片通常也不会只有一种颜色，所以它只是起调整像素在色轮中的旋转角度的作用。

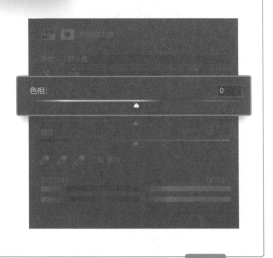

前面以色环来进行讲解是为了方便理解。在实际调色时，如果想要修改颜色，并不需要弄个色环进行比较，只要按住滑块调整一圈，通过下方的观察色带来看颜色变化就可以了。

可选颜色

可选颜色是扫描仪和分色程序中使用的一种技术，用于调整油墨的浓度以修改印刷出来的颜色，所以可选颜色调色是基于CMYK模式的。但是它不仅可以用于调整CMYK模式的图像，也可以调整RGB模式的图像。

颜色菜单
打开下拉菜单，可看到其中有红/绿/蓝、青/洋红/黄，还有白/灰/黑三种中性色以供选择，选择相应颜色后，调整下方的调整滑块就会影响到该颜色的区域。

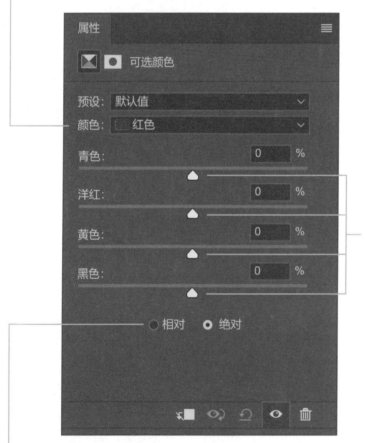

调整滑块
滑动相应的滑块可修改图像【颜色】菜单中选择的颜色。

调整方法
两种方法各有各的算法，对画面的影响程度不一样，但对于初学者来说，通常选择【绝对】方法会比较容易理解。

所能看见的颜色都是由原色构成的，不管是RGB模式还是CMYK模式都是一样的，而可选颜色的作用就是通过改变不同原色的亮度或者浓度，以达到修改颜色的目的。

要使用可选颜色来达到修改颜色的目的，还需再讲解一下CMYK这个模型。

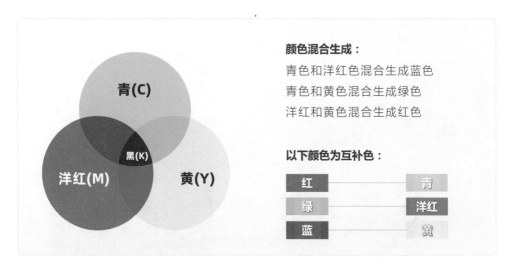

颜色混合生成：
青色和洋红色混合生成蓝色
青色和黄色混合生成绿色
洋红和黄色混合生成红色

以下颜色为互补色：

红	青
绿	洋红
蓝	黄

了解颜色的混合生成和互补色，对于颜色的调整是非常有帮助的。要增加一种颜色，有两种方式：一是通过增加相邻的两种原色去混合，二是减少它的互补色。

比如，这里有红色的樱桃，如何通过可选颜色将其变成绿色呢？

　　添加【可选颜色】调整图层，因为要调整的颜色是红色，所以在【颜色】菜单中选择【红色】。从 CMYK 模型图中可以知道，红色要变成绿色要先经过黄色。而洋红是绿色的互补色，并且还是红色的组成部分。那么将红色中的洋红全部除去，就变成了黄色。

　　注意：以下调整都是在【绝对】方法下进行的。

　　然后再往黄色里添加青色，黄色就变成绿色了。

而【相对】方法和【绝对】方法有什么区别呢？

首先在【相对】方法下，为纯青色加洋红，画面并不会有颜色的变化，因为纯粹的青色里面并没有洋红，【相对】方法必须在含有该原色的前提下才能增加原色的浓度；而【绝对】方法，就算颜色中没有该原色，也会往里面加洋红，让画面变成蓝色。

即【绝对】方法可以为画面增添新的颜色，但是【相对】方法做不到。

如果在已有这种原色的情况下，两种方法对于该原色的调整又是怎么计算的呢？

【绝对】方法是给多少量，就增加多少量；【相对】方法需要先计算该原色占总量的百分比，增加的量同样按照该百分比去调整。从视觉感官上来看，【绝对】方法调整的量比较大，颜色变化也比较明显，所以建议初学者使用【绝对】方法，这样可以看得更清楚。

在上面的"樱桃"案例中，红色占主体，而青色的占比相对来说比较小，来看一下它在两种方法下进行调整的区别。

【相对】方法 青色增加到100%
青色在画面中占比较小，所以在【相对】方法
下将青色增加到100%对颜色影响不大。

【绝对】方法 青色增加到100%
红色加互补色青色会变黑，在【绝对】方法下
将青色增加到100%对颜色影响很明显。

⚖ 色彩平衡

色彩平衡主要是对图像中高光阴影及中间调的调整，是对图像整体色调的一个调整。可以校正图像色偏、过饱和或饱和度不足的情况，常说的冷色调、暖色调，就是依靠色彩平衡调整出来的。

色调
选择调整的部分。如选择【中间调】，则调整中间调的色彩，选择【阴影】，则调整阴影的色彩。

色彩调整滑块
拖动滑块即可调整图片的色彩，如向红色拖动则增加图片中的红色。

【保留明度】选项
颜色是由原色在不同强度下发光产生的，因此颜色的改变代表原色光强度的改变。选择【保留明度】复选框可防止图像的亮度值随颜色的更改而改变，该选项可以保持图像的明暗色调平衡。

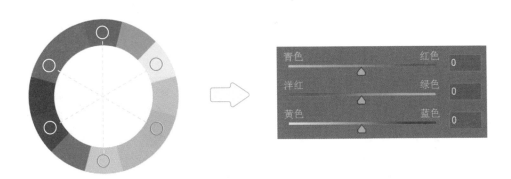

色彩调整滑块通过色环很好理解，青色和红色是互补色，洋红和绿色是互补色，黄色和蓝色是互补色。同可选颜色类似，向红色拖动会增加图片中的红色，并同时减少图片中的青色。

利用左边的石膏像素描很容易就能看出图片的明暗关系，最亮的区域是高光区，最暗的区域是阴影区，其他中等亮度的区域就是中间调。

右边是石膏像的直方图，在直方图中粗略地分出高光区、中间调、阴影区，因为每张图片的类型不同，没有办法确定具体的高光区、中间调、阴影区，只能作为一个参考。

如果希望将上面这张照片调出夏日暖阳般的氛围，就需要用到色彩平衡了。由于照片的像素主要集中在中间调上，将【色调】设为【中间调】，滑块分别向红色、洋红、黄色方向移动，调出暖色调，照片就营造出温暖的氛围了。

第11章

———

图层间的"化学反应"：
混合模式

11.1　角落中的混合模式

在 PS 中，混合模式因为其功能强大而被人所熟知，但同时也因为所在位置不起眼而常常被人忽略。

在【图层】面板左上角隐蔽的角落中，并没有"混合模式"这一名称，直接显示其中的混合模式类型【正常】，将其点开，就可以看到隐藏在其中的27种混合模式。

什么是混合模式

　　混合模式，简单来说就是在图层基础上进行某种公式运算，使多个图层以不同效果混合起来。每一种混合模式都是一种运算，运算是基于图层的，所以必须有两个或两个以上的图层一起进行运算。

　　但其难点在于，运算公式的不为人所知，使得运用起来没有那么容易。就好像数学求解，在不知道哪个公式适用的情况下，就得一个一个去套用，但不一定能够求出结果来。

　　下面还是将图片看作班级，进行混合模式原理上的讲解。

两张图片，就相当于两个班级，上面的班级叫混合班，下面的班级叫基础班。

混和班（混合色图层）

基础班（基色图层）

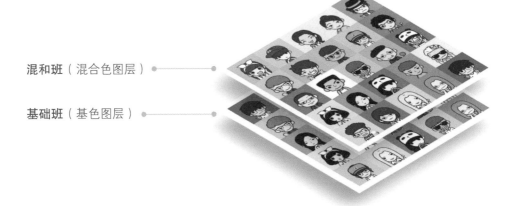

混合模式其实就是：两个班级相同位置上的人（两个图层上对应的像素）的语数英（RGB）三科成绩通过某种计算生成的第三个数值。

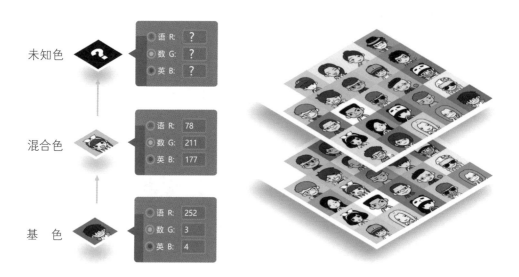

以混合模式的【变暗】模式来举例，其公式是Min(*A,B*)。Min是求两个之中的最小值，也就是求在同一位置上的人的最差成绩，在分别取得语数英（RGB）三科中最差成绩后，将结果展示出来，也就是最终看到的颜色。

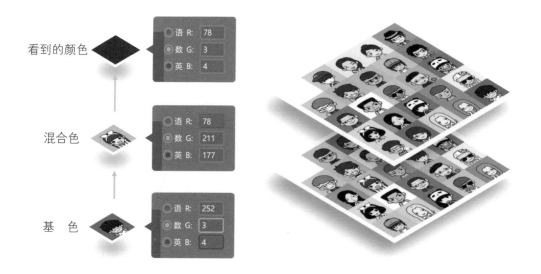

所以当两张图片作为图层使用【变暗】模式时,两张图片最终显示的效果就会是下面这样,看起来好像是将上方的小狗进行了抠图,然后置于背景图层中。

注 意

使用混合模式虽然在看的时候会产生第三种颜色,但是在图层面板中并不会增添出第三个图层。和数学公式一样,看到的虽然是结果,但是实际上存在的是方程式。

11.2 浅析混合模式

混合模式按照下拉菜单中的分组可分为不同类别：变暗系、变亮系、饱和度系、差集系和颜色系。

正常 溶解	
变暗 正片叠底 颜色加深 线性加深 深色	变暗系 主要功能是去掉图像中的亮部，保留暗部。
变亮 滤色 颜色减淡 线性减淡（添加） 浅色	变亮系 混合后让图像更亮，去除较暗的部分。和变暗系正好相反。
叠加 柔光 强光 亮光 线性光 点光 实色混合	饱和度系 这部分的混合模式整体有提高图像对比度的视觉效果，即让亮的部分更亮，暗的部分更暗。
差值 排除 减去 划分	差集系 用于制作特殊图像效果，该部分模式不常用。
色相 饱和度 颜色 明度	颜色系 用混合色图层调整基色图层的色相、饱和度和明度。

常用的混合模式

上面的原理讲解已经说明，其实混合模式就是运用不同的数学公式，将两个或两个以上的图层进行运算，每种混合模式的算法公式如下。

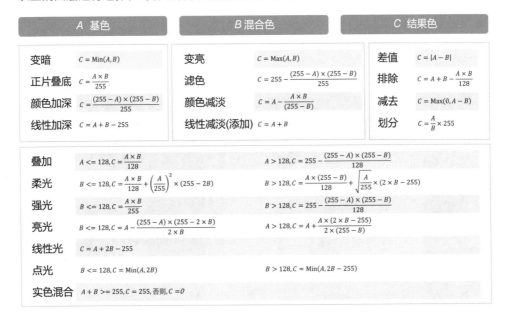

A 基色		B 混合色		C 结果色	
变暗	$C = \mathrm{Min}(A, B)$	变亮	$C = \mathrm{Max}(A, B)$	差值	$C = |A - B|$
正片叠底	$C = \dfrac{A \times B}{255}$	滤色	$C = 255 - \dfrac{(255 - A) \times (255 - B)}{255}$	排除	$C = A + B - \dfrac{A \times B}{128}$
颜色加深	$C = \dfrac{(255 - A) \times (255 - B)}{255}$	颜色减淡	$C = A - \dfrac{A \times B}{(255 - B)}$	减去	$C = \mathrm{Max}(0, A - B)$
线性加深	$C = A + B - 255$	线性减淡（添加）	$C = A + B$	划分	$C = \dfrac{A}{B} \times 255$

叠加	$A <= 128, C = \dfrac{A \times B}{128}$	$A > 128, C = 255 - \dfrac{(255 - A) \times (255 - B)}{128}$
柔光	$B <= 128, C = \dfrac{A \times B}{128} + \left(\dfrac{A}{255}\right)^2 \times (255 - 2B)$	$B > 128, C = \dfrac{A \times (255 - B)}{128} + \sqrt{\dfrac{A}{128}} \times (2 \times B - 255)$
强光	$B <= 128, C = \dfrac{A \times B}{255}$	$B > 128, C = 255 - \dfrac{(255 - A) \times (255 - B)}{128}$
亮光	$B <= 128, C = A - \dfrac{(255 - A) \times (255 - 2 \times B)}{2 \times B}$	$A > 128, C = A + \dfrac{A \times (2 \times B - 255)}{2 \times (255 - B)}$
线性光	$C = A + 2B - 255$	
点光	$B <= 128, C = \mathrm{Min}(A, 2B)$	$B > 128, C = \mathrm{Min}(A, 2B - 255)$
实色混合	$A + B >= 255, C = 255,$ 否则，$C = 0$	

公式这种东西，既不好看，也不那么好理解。这就像用药治病一样，对大部分人来说只需要知道什么药可以治什么病就可以了，不需要详细了解药本身的药理是什么，是否了解药理与结果并无太大关系。

而操作过程中最大的困难是不知道在什么情况下用什么混合模式，27 种混合模式，与其泛泛地了解它，不如将几个常用模式掌握熟练，俗话说 "双鸟在林不如一鸟在手"。和考试一样，熟练掌握几个基础公式，虽然得不了满分，但每次基础题都可以答对。

正片叠底

在 Adobe 官方的解释中，【正片叠底】的结果色总是产生较暗的颜色，任何颜色与黑色正片叠底产生黑色，任何颜色与白色正片叠底保持不变。也就是说，在图像合成时使用【正片叠底】可以去亮留暗，所以通常可以用来抠除白底的图像。

比如下面这个案例，想将一张带有白底的图案作为印花印在衣服上，在【正常】模式下是这个样子的。

通常情况下需要用选区工具将图案区域选择出来，或者将白色底抠掉。使用【正片叠底】模式的话，自动计算，一秒搞定，白底被抠掉了。

滤色

滤色，正好是【正片叠底】的反向操作，【正片叠底】取图像中的暗色，【滤色】取图像中的亮色。结果色总是较亮的颜色，和黑色混合时颜色保持不变，和白色混合时产生白色。也就是说，在图像合成时，使用【滤色】可以去暗留亮，所以常用来抠除黑底的图像。

这里有一张小鹿的图片和一张带黑底的雪花图片，直接硬套上去肯定是不行的。如果说上一个案例用【正片叠底】模式还可以抠，那么这个雪花的图案想抠出来就没有那么容易了。

 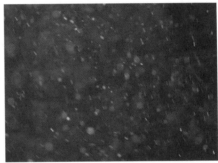

而用【滤色】模式将其混合，可直接营造一个飘雪的场景。可以看到，【滤色】模式对于轮廓不清晰的图案具有很好的效果。

叠加

【叠加】模式从公式上是由两部分组成的，当基色比 128 更暗时（小于 128），执行的是【正片叠底】模式的混合；当基色比 128 更亮时（大于 128），执行的是【滤色】模式的混合。

从公式上看分别和【正片叠底】【滤色】很像，但是在效果上没有它们那么强烈，以下方色块为例，对比三种模式下涂抹黑色和白色的效果。

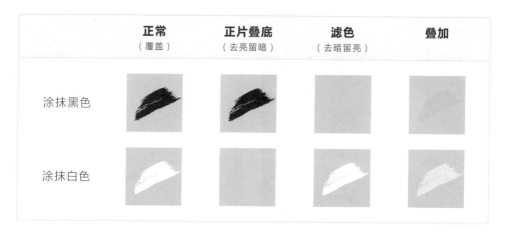

可以看出，使用【叠加】模式并不会有【正片叠底】和【滤色】模式那样浓烈的效果，在使用黑白笔刷涂抹过后，就是压暗和提亮该涂抹的区域，效果比较柔和。所以常用【叠加】模式，结合黑白画笔涂抹图像，来增强图像的对比度，让亮部更亮，暗部更暗。

并且需要注意的是，使用黑白画笔进行涂抹时，对亮暗两部分的影响也是不一样的，毕竟公式不一样，以下方的黑白色块为例，对比三种模式下涂抹黑色和白色的效果。

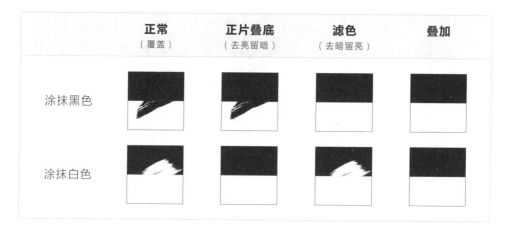

总的来说，使用【叠加】模式时，涂抹白色可用于提亮该区域，对较暗的区域影响较小，对纯黑色区域无影响；涂抹黑色可压暗该区域，对较亮的区域影响较小，对纯白色区域无影响。

比如下面这张城堡的图片，灯光相对黯淡，但也属于亮部区域。

如果只想对其灯光区域进行提亮，做灯光发散效果的话，那么在 PS 中新建一个图层，使用白色画笔（调整【大小】为 159，【硬度】为 0）在相应区域涂抹。

然后再将混合模式修改为【叠加】，因为对亮部影响比较大，而背景为黑夜偏暗，影响较小，所以刚好可以是由亮到黯淡的方向扩散出去，看起像有灯光的发散效果。

颜色

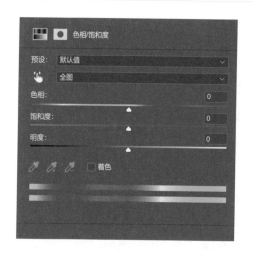

颜色系中的四种混合模式在原理上很相似，可以放在一起讲解。

第 10 章讲过调整图层，其中【色相/饱和度】的三个调整滑块可以分别调整图像的色相、饱和度和明度。

但是用【色相/饱和度】去调整会存在一个小小的不足，那就是无法精确地控制想要的颜色。只能滑动滑块，然后觉得调整得差不多了，就是这个颜色了，因而会存在一点偏差，但是人眼看来是没有太大区别的。

使用颜色系的四种模式也可以调整色相、饱和度、明度，但其优势就是可以精确控制，想要什么样的颜色、饱和度、明度，都可以精准到数值。

【色相】混合模式, 取上方图层的色相值, 和下方图层混合, 给下方图层上色。

【饱和度】混合模式, 取上方图层的饱和度值, 和下方图层混合, 用于精确调整下方图层的饱和度。

【颜色】混合模式, 取上方图层的饱和度值和色相值, 和下方图层混合, 可以精确调整下方图层的饱和度和色相。

【明度】混合模式, 取上方图层的明度值, 和下方图层混合, 用于精确调整下方图层的明度。

要怎样才可以给黑白照片上色呢? 黑白照片只保留了图像的明暗对比, 也就是说, 只保留了明度。所以上色需上色相和饱和度, 即需要使用【颜色】模式才可以给其上色。

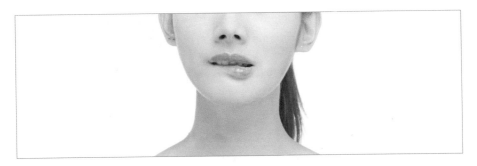

这里就以给嘴唇上色做个示范, 上色要找个颜色作为参考, 这里找到一支口红, 觉得这个颜色还是挺不错的, 将其放到 PS 里面, 用取色器 (快捷键为 ⓘ) 取其颜色。

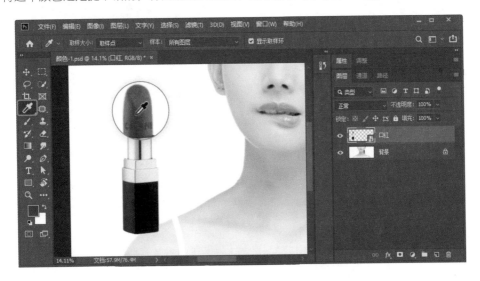

单击"口红"图层的眼睛图标，将此图层隐藏；再单击【图层】面板底部的 新建空白图层，将工具切换为【画笔工具】，沿嘴唇的轮廓进行涂抹。

颜色很好看，但在【正常】模式下会直接覆盖下层，所以下方嘴唇的明暗细节是没有的，所以将该图层的混合模式切换成【颜色】，效果如下图所示。

可以发现明暗细节虽然有了，但是颜色不是之前选取的颜色，其原因是，在使用【颜色】模式的情况下，用的是下方图层的明度，人物图层的明度偏高，所以将颜色提亮了。

　　所以想要将颜色调制出来，需要降低嘴唇区域的明度。可以按住 `Ctrl` 键单击"画笔涂抹"图层的缩略图，就会创建涂抹区域（即嘴唇区域）选区，单击【图层】面板底部的 ⬛ 创建【色相/饱和度】调整图层。

　　此时会创建一个带有蒙版的调整图层，蒙版中嘴唇区域外为黑色，所以调整效果在黑色区域会被隐藏掉，只会影响到嘴唇区域，然后滑动【明度】的调整滑块，降低该区域的明度，明度降低，上方的颜色会自动应用该明度，嘴唇颜色也就变深了。

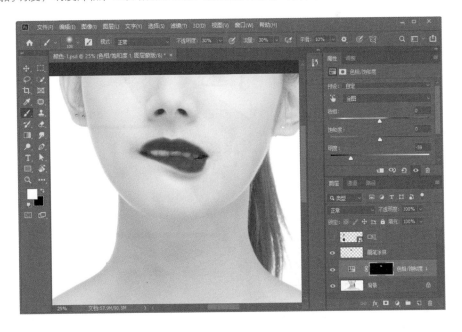

第12章
—
手牵手跟我一起走：PS流程

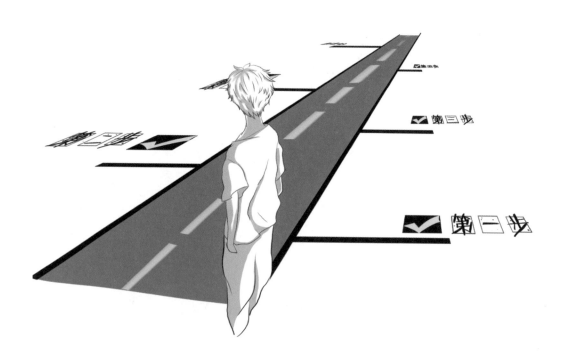

如果总是惊叹于他人做出来的 PS 效果惊艳、创意十足，临渊羡鱼，却从未想过退而结网；如果没有真正踏出第一步，那么想法永远只能是想法，看过一万遍，不如自己动手做一遍。

地图再精确，也无法替人走哪怕半步路。

对于大部分人来说，做一份 PS 文件，就像将大象装入冰箱这样一个操作流程：第一步把冰箱门打开，第二步把大象装进去，第三步把冰箱门关上。对于大部分新手来说，只懂得第一步和第三步，熟练地打开、新建、保存、关闭 PS，至于第二步，中间那些烦琐的操作一点也不熟悉。这也是为什么大部分人想学好 PS 却无从下手的原因。

有了操作流程才有了创作的骨架，只有这样才可以去延展枝末，然后才是丰满血肉，这样下来才能较好地完成一幅作品。

下面就以一个简单的海报案例来教大家熟悉一下 PS 的制作流程。**要设计一张海报，需要分析海报中要呈现什么。**脑中有想法，心中有丘壑，操作才能行云流水。

① **创建 PS 文件。** 从菜单栏选择【文件】-【新建】（快捷键为 `Ctrl` + `N`），在【新建文档】的界面中输入文档名称和尺寸（如下图），其他选项默认，单击【创建】按钮，就进入 PS 的操作界面了。

Tips：要确定什么场合用什么尺寸和分辨率，一开始的新建设置很重要。

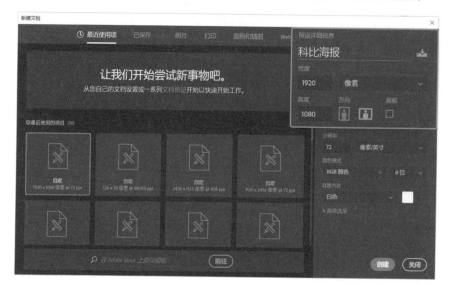

② **创建纯色背景。** 用【画笔工具】 或【油漆桶工具】 将背景填充成黑色。使用【油漆桶工具】时，填充的颜色为前景色（前景色和背景色为工具下方的两个正方形色块 ）。前景色默认为黑色，切换到【油漆桶工具】，将光标移到画板中并单击左键即可。

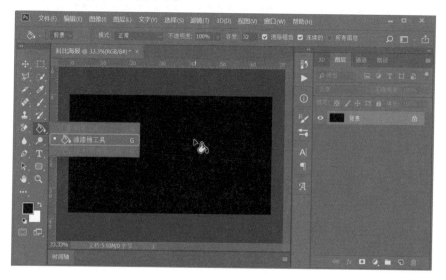

③ **新建图层并修改前景色。**单击【图层】面板中的 ⬚，在背景图层上新建一个空白图层。因为是透明的，所以看到的还是背景的颜色。点开前景色，在【拾色器】中将颜色调为装饰色块的黄色（颜色可以通过将截图放在画板中进行取色，也可以输入 RGB 值，其 RGB 值参数如下）。

④ **创建装饰色块。**切换为【多边形套索工具】📐，按照装饰色块的轮廓创建选区，然后再换回【油漆桶工具】，将该区域填充为黄色。按 Ctrl + D 组合键可取消选区，装饰色块就画好了。

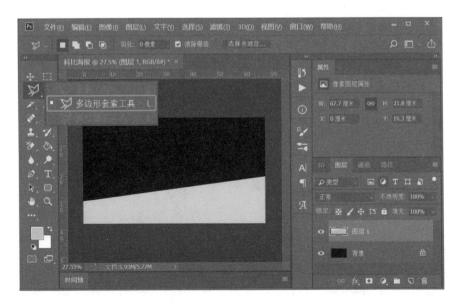

⑤ **输入大标题。**切换到【文字工具】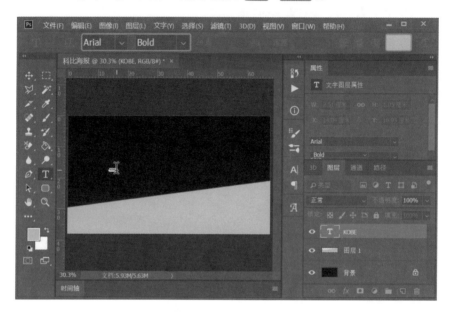，用鼠标左键单击一下画板即可输入文字。然后全选文字，在上方的选项栏中将字体和颜色设置成如下图所示，切换回【移动工具】即可输入完成（或按快捷键 Ctrl + Enter ）。

⑥ 调整标题大小。由于标题文字并不是海报所需的大小，所以需要将标题变大，按 Ctrl + T 组合键进入【自由变换】模式，按住鼠标左键拉伸标题四个角中的任意一个角，可以将标题等比例进行缩放。

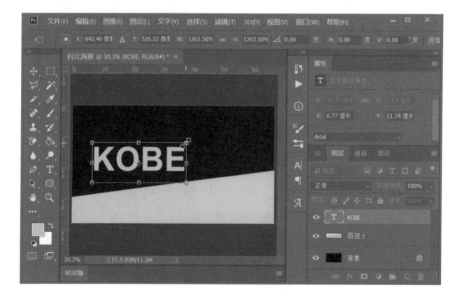

⑦　调整标题角度。将光标移至标题外部，光标变成 ↷。按住鼠标左键可旋转文字，旋转到合适角度按回车键，切换回【移动工具】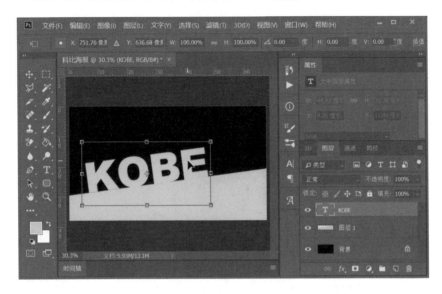，将标题移动到相应位置即可。

⑧　设置字体倾斜。从菜单栏选择【窗口】-【字符】，可以将【字符】面板调出来。因为标题需要倾斜效果，所以在【字符】面板中单击 T 就可以将文字变成倾斜状态。

⑨　参照上面的操作，可以将另一段文字内容放置好，最后将人物的照片置入，移动到合适位置，整份海报就制作完成了。

Tips：如果文字位置调整不准确，可按 Alt + 鼠标滚轮 组合键放大画板，然后再去精确调整位置。

PS 是一个大而全的软件，它会提供在作图过程中所需要的一切功能。虽然我们不知道在什么时候会用上某些功能，但只要有 1% 的可能，它就会 100% 地提供。以此观之，在一次设计作图中，除非太复杂，不然 PS 中大多数的功能和按钮是用不着的。

上面的案例就很好地说明了，解决问题的方法其实就隐藏在一个个小工具小操作之中，而完成一份设计作品就只是这些小操作的叠加。

第13章

———

想不到的图像造型：
图像操作

13.1 裁剪

裁剪是移去部分照片以打造焦点或加强构图效果的过程，在 PS 中可以使用【裁剪工具】裁剪并拉直照片。接下来对下面这张图片进行一些常规操作以帮助大家掌握【裁剪工具】的基本用法。

调整前　　　　　　　　　　　调整后

① **裁剪边缘**。将"裁剪拉直"图片文件置入 PS，图片存在拍摄倾斜和左边及上方区域空间过多的问题。首先将多余的区域裁剪掉，选择【裁剪工具】 （快捷键为 C），裁剪边界显示在照片的边缘，拖动裁剪边界即可。

　　常规的拖动裁剪方法在处理图片边缘时需要比较小心，因此可通过【选区工具】
（快捷键为 [M]）将所要保留的区域框选出来。

　　然后切换到【裁剪工具】，瞬间就可以沿着选区的边缘形成裁剪边界，然后只需
双击鼠标左键即可完成裁剪操作。

② **校正拉直**。将多余的空间裁剪掉之后，还需要将倾斜的图片调正。切换到【裁剪工具】，先将选项栏中的【内容识别】复选框 内容识别 勾选上，再单击【拉直】 拉直，然后沿着相框倾斜的角度拉出一条直线。

双击鼠标左键，调正操作即可完成。会以相框倾斜角度为标准，自动将图片校正拉直回应有的角度。

注意

在勾选【内容识别】复选框的情况下进行拉直校正，默认的裁剪矩形会扩大，以包含整个图像，超出的区域会自动识别补充。

而不勾选【内容识别】复选框进行拉直校正的话，裁剪的区域只会在图像内部进行。

13.2 透视裁剪

当从一定角度而不是以平直视角拍摄对象时，物体会发生扭曲，比如下面这张图。手机是平躺在桌面上的，但是从这个角度看手机屏幕中的图像就是倾斜的，此时可以用【透视裁剪工具】将屏幕中的图像放正。本节会通过实际的案例操作来讲解【透视裁剪工具】的基本用法。

透视裁剪前   透视裁剪后

① **置入图片并设置裁剪选框**。将图片文件"透视裁剪"置入 PS，用鼠标右键单击裁剪工具组，将裁剪工具切换为【透视裁剪工具】，然后按住鼠标左键沿手机周围拖曳绘制裁剪选框。

② **调整裁剪选框**。依次调整裁剪选框中的四个顶点，将四个顶点调整到手机屏幕的四个顶点上，以让选框边缘和手机屏幕的边缘重合。

双击鼠标左键或者按回车键，可发现图像中手机屏幕区域被拉回平面，此方法适用于各种带有透视角度的图像，可将原有立体效果的图像变回平面效果。

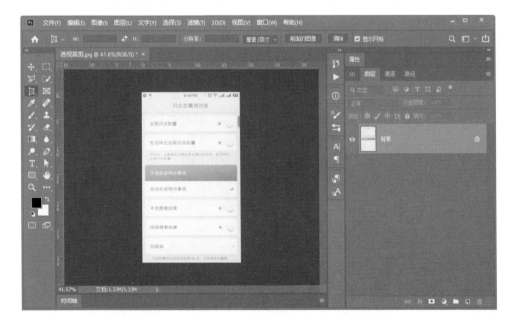

13.3 　自由变换

　　前面讲解的透视裁剪是将带有透视角度的图像拉回平面，而"自由变换"就相当于透视裁剪的逆操作，可以使用"自由变换"来将平面视图的图片转为有透视角度的图片，使用"自由变换"可以看到平面图片展示在真实环境下的效果。

☐ 透视字体效果

　　下面用一个案例来展示"自由变换"的效果。平面的字体，只需要使用"自由变换"工具，就可以表现出立体的感觉。

　　　　　原始图片　　　　　　　　　　　　　合成效果

① **置入图片并输入文字**。将图片拖入 PS，切换到【文字工具】 **T**，单击画板，输入"20 20"（记得中间敲空格），在【属性】面板中将文字颜色修改为图片中马路中间双黄线的颜色。

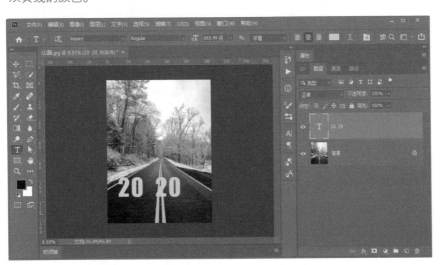

② **调整文字位置及大小。**按 `Ctrl`＋`T` 组合键进入"自由变换"状态，在变换控件的顶点处按住鼠标左键，将其放大，并移动到合适位置，然后按回车键结束"自由变换"。

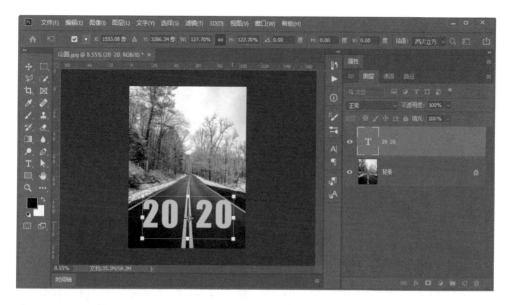

③ **将文字转为形状。**选中文字图层，单击鼠标右键，从弹出的菜单中选择【转换为形状】，此时文字就被转为了形状。

Tips：大多数"自由变换"效果无法对文字使用，因此须将其转为形状。

④ **设置透视效果。**同样按 Ctrl + T 组合键进入"自由变换"状态，单击鼠标右键，从快捷菜单中选择【透视】。

在右上方的顶点处按住鼠标左键，将其向内拖动，可以看到文字的上部在向内收缩，然后按回车键即可完成制作。

Tips：透视其实就是依据正常视觉做出的效果，近大远小，近宽远窄，所以这样的字体会呈现出贴合地面的效果。

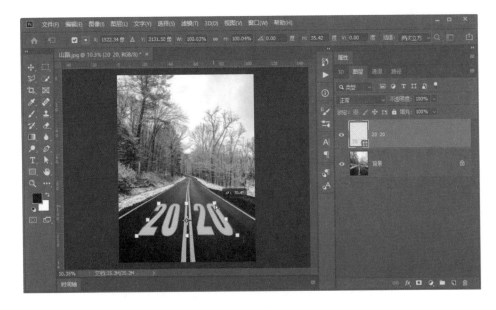

⑤ **调整文字融合效果。**此时的文字虽然已经比较符合山路延伸的视觉效果了，但是因为颜色太过纯粹，与路面并不融合，因此需要进行调整，让文字与路面更加融合。

双击图层空白处，调出【图层样式】弹框，按住 Alt 键将【混合颜色带】中【下一图层】的黑场滑块往右滑动，可以看到画板中的效果趋近融合。

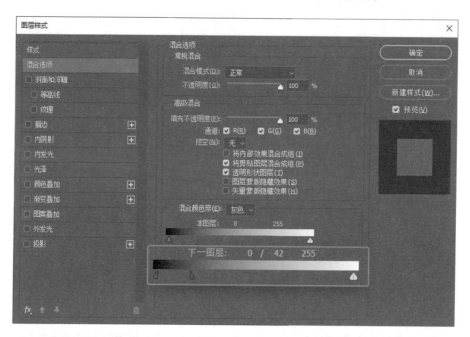

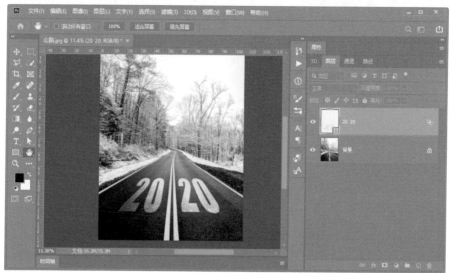

海报展示效果

透视是"自由变换"中比较常用的一个功能，透视是两边同时进行调整的，其操控性并不是那么随心所欲的。下面用海报贴图的效果来展示"自由变换"中斜切的使用。

原始图片

合成效果

① **置入图片并调整大小。**先将图片"街头"拖入 PS 作为背景，然后将图片"PPT 之光"拖入，此时该图片处于"自由变换"状态下，调整图片的大小和位置。

② **调整细节。**背景中用于展示的展示架的上、下两边的收缩角度并不一样，因此使用透视工具并不好调整。单击鼠标右键，从快捷菜单中选择【斜切】。

Tips：斜切可以控制单个顶点在水平或垂直方向的移动。

　　分别对右边上、下两个顶点进行调整，以贴合展示架，单击后按回车键，即可看到
海报展示效果。

第14章

——

哪里要改就选哪里：
选区应用

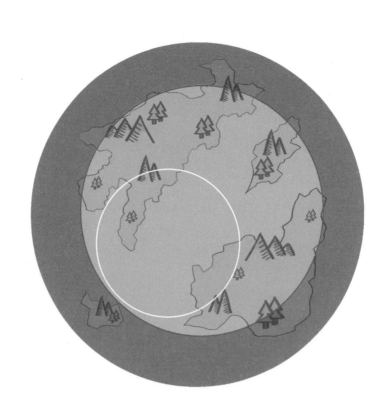

选区本身并没有太多的操作，其主要的功能在于辅助配合，很多其他的操作都需要在有选区的前提下才可以完成或者做得更好。

以下方海报为例，在没有 PSD 源文件的情况下，仍然需要对海报进行修改，那么只能直接在图片上进行操作，此时就需要选区进行配合，以达到修改要求。

修改处 1

将框选区域的文字删除，后面文字内容与上方标题居中对齐

修改处 2

将人物脸部区域提亮

① **设置选区并复制**。将图片置入 PS，切换到【矩形选框工具】 ⬚ ，按住鼠标左键框选"从入门到精通"这 6 个字，按快捷键 Ctrl + J 复制选区。此时"从入门到精通"这 6 个字就被复制到了一个新的图层。

② **去除背景图层中的小标题**。选中背景图层，将小标题"30堂课从入门到精通"框选起来，将前景色设置为与背景一样的白色，按 `Alt` + `Del` 组合键填充前景色，选区被填充成白色，然后按 `Ctrl` + `D` 组合键取消选区。

③ **重新调整小标题**。选中"图层 1"，切换到【移动工具】 ✛ ，按住 `Ctrl` + `Shift` 组合键后再按住鼠标左键将"从入门到精通"拖动至与标题居中对齐。然后依据上面的操作，将旁边的装饰线条也移动至新的小标题两侧。

④　**提亮人物脸部。** 选中背景图层，在工具栏中选择【套索工具】（快捷键为 L ），单击鼠标左键沿着人物脸部绘制一个选区，按 Shift + F6 组合键羽化选区，将【羽化半径】改为10像素。

　　单击【图层】面板下方的 添加调整图层，选择【亮度/对比度】，将【亮度】参数调到20。此时人物脸部就被提亮了。

注 意

　　羽化工具的作用是让选区的边缘过渡得更加自然，对选区的调整也会过渡得更加自然，没有羽化相比于有羽化来说效果是非常生硬的。

有羽化

没有羽化

第15章

图标是怎样炼成的：
图标制作

第9章介绍了形状工具的原理和用法，接下来通过用形状工具制作微信LOGO来掌握形状工具的基本操作，并学会绘制简单的矢量图形和图标。下面对微信LOGO的组成进行分析：

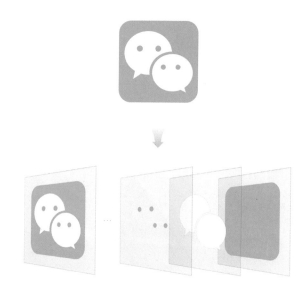

从上图可以看出，微信LOGO是由一个绿色的圆角矩形、两个相交的白色气泡和四只气泡的眼睛组成的。其中稍微复杂一些的就是中间两个相交的白色气泡，接下来分析两个气泡的组成结构。

可以看出，右边的白色气泡就是由一个椭圆和一个三角形组合形成的，左边的气泡也是由椭圆和三角形组合形成的，不过左边的椭圆和右边的椭圆相减形成了一个缺口。

① 从菜单栏选择【文件】-【新建】（快捷键为 Ctrl + N ），在【新建文档】的界面中输入文档名称和尺寸（如下图），其他选择保持默认设置，单击【创建】按钮。

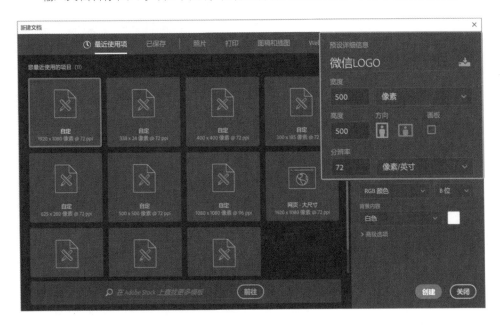

② 选择形状工具中的【圆角矩形工具】，在画布上绘制一个圆角矩形，并在【属性】面板中选择微信 LOGO 的绿色作为填充颜色，线条设为无填充 ，圆角的大小调整为 45 像素 。

③ 选择形状工具中的【椭圆工具】 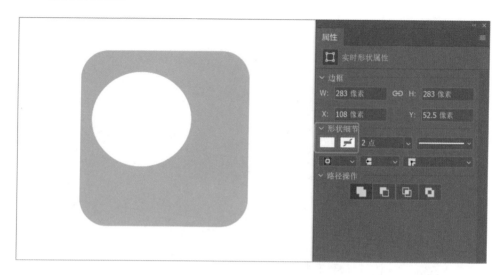，在画布上绘制一个椭圆，颜色填充为白色，线条设为无填充。

④ 在选项栏中单击布尔运算（路径操作）的按钮 ，单击【合并形状】 。在椭圆的左下角插入三角形（形状工具选择【多边形工具】 ，【边】改为 3，即可绘制三角形）。此时三角形和椭圆合并为一体，形成一个大的气泡。

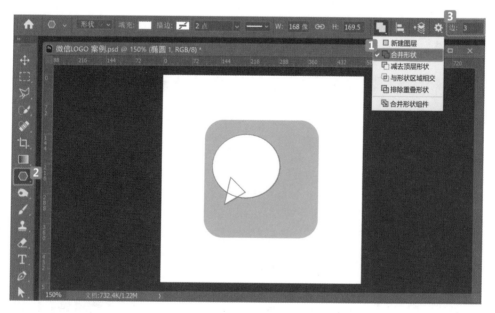

⑤ 选择形状工具中的【椭圆工具】 ，新建图层并绘制一个圆形，颜色填充为绿色，再选择【路径选择工具】 ，按住 Alt 键拖动圆形，即可复制出一个圆形。

⑥ 将两个圆形对齐。具体操作：选择【路径选择工具】 ，按住 Shift 键连续选中两个圆形，单击选项栏中的路径对齐方式 ，选择垂直居中对齐 ，此时两个圆形就对齐了，上部较大的气泡就完成了。

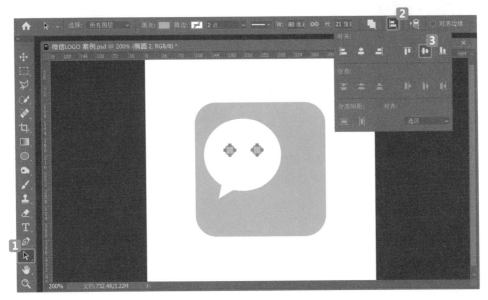

⑦ 下部的气泡也以同样的方式制作。新建一个图层，在新的图层上绘制下部的气泡。完成后会发现两个气泡相叠，还需要减掉气泡间的空隙。

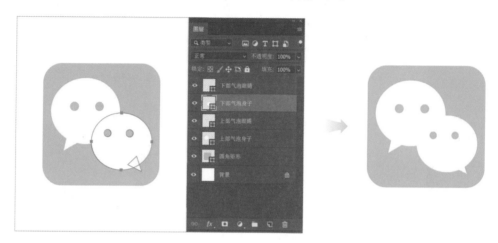

⑧ 选中"上部气泡身子"图层，再选择【椭圆工具】，单击选项栏中的布尔运算（路径操作）的按钮，单击【减去顶层形状】，插入一个比下部气泡稍微大一点的椭圆，空隙就被减掉了，微信LOGO就制作完了。

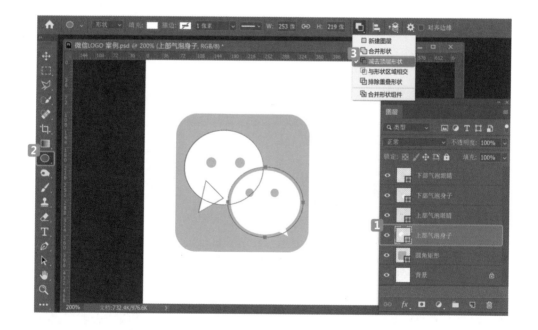

第16章

——

好好管管你的PS吧：图层操作

16.1　图层的建立与管理

　　第6章介绍了图层的结构、面板的组成和常见的图层类型，接下来通过制作下面这张海报来掌握图层的基本操作。

①　**新建文档**。从菜单栏选择【文件】-【新建】（快捷键为 `Ctrl` + `N` ），在【新建文档】的界面中输入文档名称和尺寸（如下图），其他选项保持默认设置，单击【创建】按钮。

② **新建图层和复制图层。** 单击【图层】面板右下角的【创建新图层】🗋，新建一个图层，再按 `Ctrl` + `J` 组合键复制一个图层。

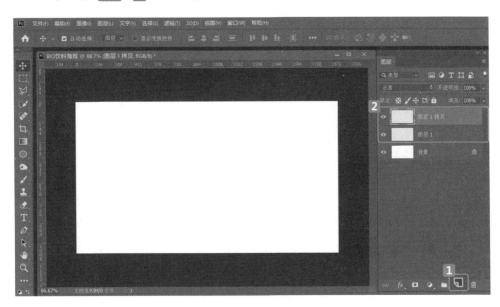

③ **插入图片。** 选中图层1，从菜单栏选择【文件】-【置入嵌入对象】，双击选择下载好的橘子饮料图片，此时图片就插入图层1中了。

Tips：也可以直接将图片拖动到PS的画板中。

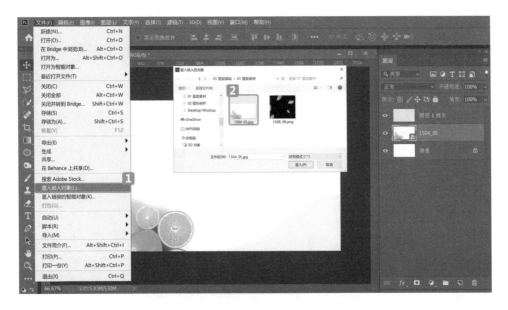

④ **插入绿叶图片和智能对象**。重复以上操作，将绿叶的图片插入最上方的空白图层。图层缩略图上的符号 ⬚ 表示此图层为智能对象，双击缩略图即可编辑图像的源内容。

⑤ **合并图层和图层重命名**。按住 Ctrl 键连续选中两个图层，按 Ctrl + E 组合键合并两个图层，然后双击图层的名字，将图层的名字修改为"橙子和绿叶"。

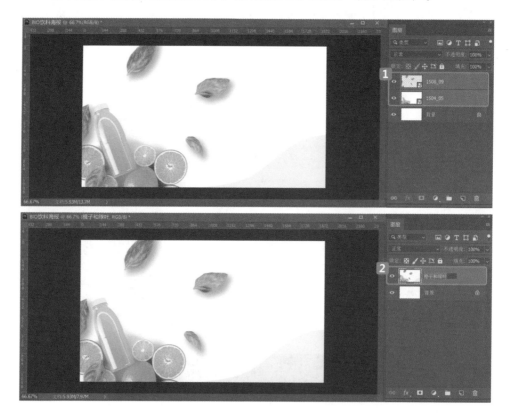

⑥ **锁定图层**。选中"橙子和绿叶"图层，单击图层后面的小锁 🔒，即可锁定该图层。
此时这个图层就不能被移动和编辑了，可以让后面的操作更加方便。再次单击小锁
🔒，即可解除图层锁定。

⑦ **插入标题文字**。选择【文字工具】**T**，单击画布，输入标题文字"BIO"。全选文
字，在【属性】面板中将字体和颜色等参数修改为如下图所示（字体为阿里巴巴普
惠体），按 **Ctrl** + **Enter** 组合键完成文字的输入。

⑧ **输入正文内容**。通过同样的插入文字的方式输入正文内容，在【属性】面板中将字体和颜色等参数修改为如下图所示，按 ⌨Ctrl + ⌨Enter 组合键完成文字的输入。

⑨ **链接图层**。按住 ⌨Ctrl 键连续选中"BIO"和"正文内容"图层，单击鼠标右键，从快捷菜单中选择【链接图层】，此时图层右侧会出现锁链图标 🔗，表示这两个图层被链接在了一起，只要用【移动工具】拖动其中一个图层，另一个图层也会跟着移动。

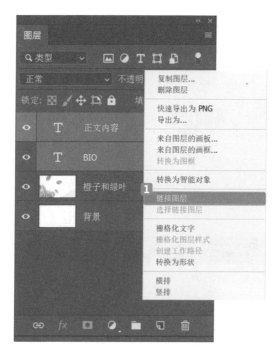

⑩ **图层编组**。按住 Ctrl 键连续选中 "BIO" 和 "正文内容" 图层，按 Ctrl + G 组合键，即可将两个图层编为一组。双击组的名字，可修改组的名字，更方便整理图层。

⑪ **显示/隐藏图层和删除图层**。单击图层左侧的眼睛图标 ，可以隐藏此图层，再次单击即可显示此图层。若需要删除多余的图层，在选中要删除的图层后，单击【图层】面板右下角的垃圾桶图标 ，即可删除该图层。

16.2　保护图层的方式——智能对象

　　智能对象能够保护图层，即使将图层中的图片缩小再放大，图片也不会变模糊。因为智能对象会保留图像的源内容及其所有的原始特性，从而能够对图层执行非破坏性编辑。

未使用智能对象

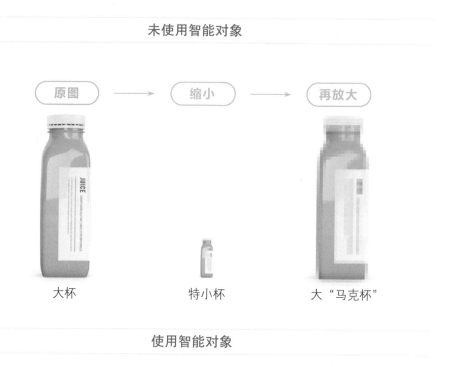

大杯　　　　　　　　　特小杯　　　　　　　大"马克杯"

使用智能对象

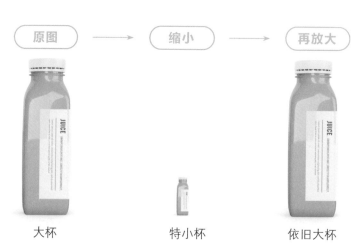

大杯　　　　　　　　　特小杯　　　　　　　依旧大杯

智能对象有两种类型：嵌入智能对象和链接智能对象。

嵌入智能对象 ：内容是嵌入 PS 文档中的，当编辑智能对象时，会在系统的 TEMP 文件夹中建立一个以智能对象名称命名的 PSB 格式的文档。智能对象的内容是随着文档移动的。

链接智能对象 ：内容来自外部图像文件，当源图像文件发生更改时，链接的智能对象图层也会随之更新。若修改外部图像文件的位置，则需要重新链接文件。

接下来通过修改电脑壁纸的案例来掌握智能对象的使用方法和基本操作。

嵌入智能对象

修改前

修改后

① **打开电脑背景图片。**从菜单栏选择【文件】-【打开】，选择下载好的电脑背景图片，此时图片就在 PS 中打开了。

② **绘制矩形覆盖屏幕。**单击工具栏中的【矩形工具】，在电脑屏幕上绘制一个矩形，覆盖在屏幕上，遮住原有的内容。

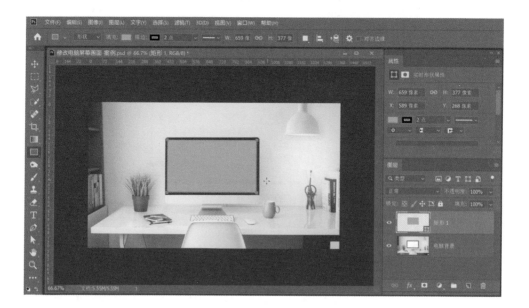

③ **将形状图层转为嵌入智能对象。** 右键单击刚插入的形状图层，从弹出的快捷菜单中
选择【转换为智能对象】，此时这个图层就转换成了嵌入智能对象的图层。

④ **进入智能对象文档。** 双击智能对象的缩略图，会打开一个新文档，进入智能对象的
文档中，刚才绘制的矩形就在这个文档里。

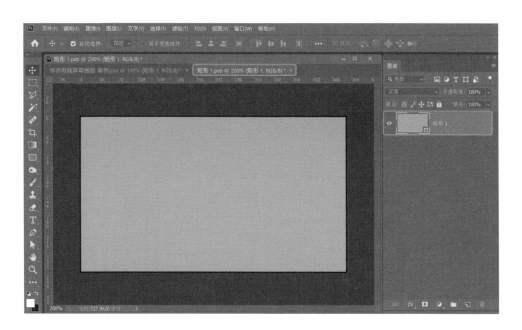

⑤ **插入图片**。将需要修改的图片拖动到智能对象文档的画板中，按 `Ctrl` + `S` 组合键保存，再将智能对象的文档关掉。图片中电脑屏幕的画面就自动更新成所修改的图片了。

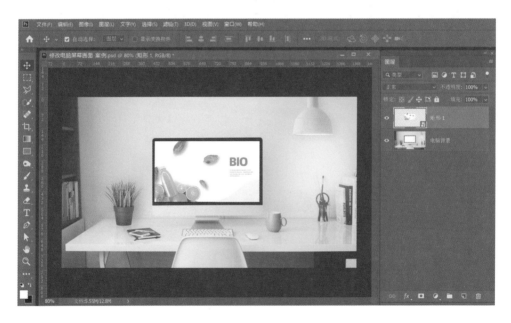

链接智能对象

　　如果需要修改两张或多张图片的电脑屏幕画面，在修改智能对象的图像之后，所有链接电脑屏幕的画面都同时修改了。

① **插入海报**。还是在"修改电脑屏幕画面－案例"中，按住 Alt 键将"BIO饮料海报"文档拖动到PS画布中，将海报的尺寸调整为和屏幕尺寸差不多大小。

Tips：按住鼠标左键直接将图像拖到PS画布中，图层为嵌入智能对象图层。按住 Alt 键再将图像拖到PS画布中，图层为链接智能对象图层。

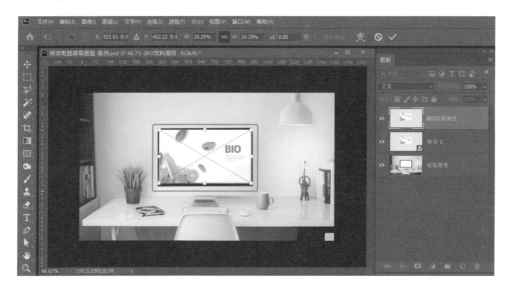

② **创建剪贴蒙版**。用鼠标右键单击图层，从弹出的快捷菜单中选择【创建剪贴蒙版】，此时屏幕上展示的就是来自外部的BIO饮料海报，并且图层缩略图上会显示一个锁链的图标 🔗，说明这个图层是链接智能对象图层。

③　**将海报插入另一个电脑屏幕。**另一个 PS 文档"电脑屏幕 02"也通过同样的方式将海报展示到电脑屏幕上。

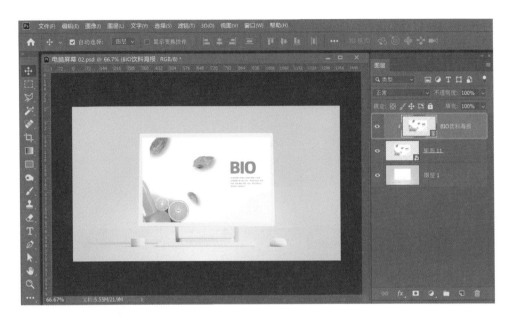

④　**编辑链接的海报。**打开"BIO 饮料海报"的 PSD 文件，在其中插入沙拉的图片，放置在合适的位置，再按 Ctrl + S 组合键保存，然后关闭文档。

⑤ **更新链接智能对象。**此时再打开"修改电脑屏幕画面－案例"文档，可以看到图层缩略图上出现了黄色的感叹号，提醒用户智能对象已经修改了。右键单击这个图层，从快捷菜单中选择【更新修改的内容】，此时图层中显示的画面就更新了。

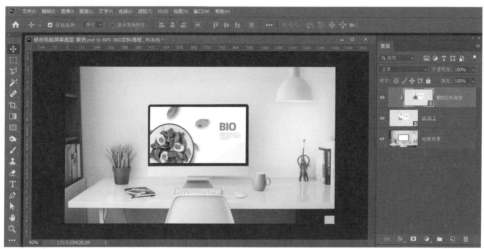

⑥ **更新链接智能对象。**另一个PS文档"电脑屏幕 02"也通过同样的方式更新图层。此时两个屏幕就都显示沙拉图片了。

16.3　图层样式

　　第6章介绍了图层样式效果，接下来通过制作下面这张MARS文字海报来掌握图层样式的基本操作。

①　**填充深灰色背景（注意：不是纯黑色）**。新建一个画板大小为1920像素×1080像素的PS文档，新建一个图层，将图层命名为"深灰色背景"。选择工具栏中的【油漆桶工具】，将前景色改为RGB值为（15,15,15）的深灰色，单击画板，即可在此图层填充深灰色。

② **增加中部光的效果。** 新建一个图层，命名为"中部光"，将【图层混合】模式改为
【柔光】，再单击工具栏中的【渐变工具】 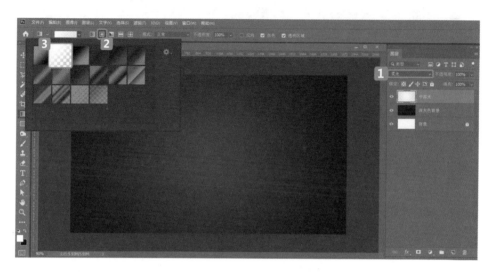，将前景色改为纯白色 ，在选项栏
中选择【径向渐变】 ，单击渐变色右边的小箭头 ，选择第二个【前景
色到透明渐变】，然后单击鼠标左键从画板中心向外侧拖动，即可在深灰色背景上
增加中部光的效果。

③ **插入文字"MARS"。** 单击工具栏中的【文字工具】 **T** ，在画板中输入文字"MARS"，
在【属性】面板中选择字体"Facon"，字体大小设为418点，具体参数见下图。

Tips：字体文件在素材包中，请提前安装好，否则无法显示效果。

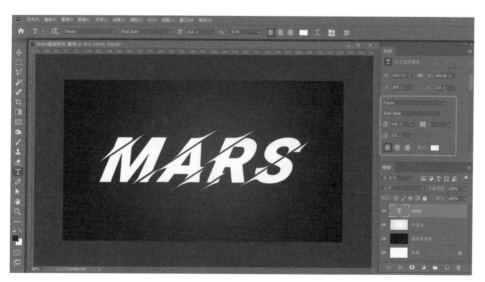

④　**为文字增加渐变叠加**。用鼠标右键单击"MARS"图层，从快捷菜单中选择【混合选项】，此时就进入了【图层样式】窗口。勾选【渐变叠加】，将渐变色设为黄色（RGB 值为(255,186,0)）和橙色（RGB 值为(177,55,4)）的渐变，具体参数如下图所示。

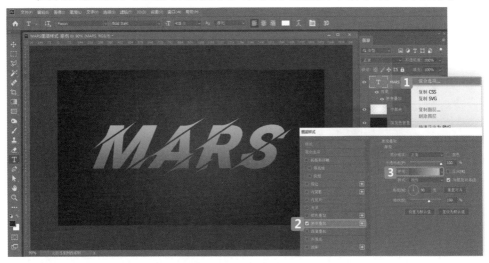

⑤　**增加图案叠加**。选中"MARS"图层，按 `Ctrl` + `J` 组合键复制一个图层，将新图层命名为"MARS 图层样式"，将填充设为 0%。然后用鼠标右键单击此图层，从快捷菜单中选择【混合选项】，勾选【图层样式】窗口中的【图案叠加】，取消勾选【渐变叠加】，具体参数如下图所示。此时文字就会附有图案的纹理。

Tips：1.添加【渐变叠加】会覆盖【图案叠加】，所以【渐变叠加】需要单独在一个图层中。

2.文字本身的白色同样会将下一层遮住，因此将填充设为 0%。

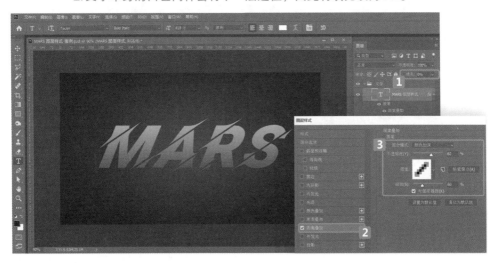

⑥ **增加斜面和浮雕效果。**接着在【图层样式】窗口中勾选上【斜面和浮雕】，将【样式】设为【内斜面】，【深度】调整为 800%，【大小】设置为 10 像素，具体参数设置如下图。此时文字就会形成有斜面的立体效果。

⑦ **增加投影。**在【图层样式】窗口中勾选【投影】，将【颜色】设为纯黑色，【角度】设为 120 度，【距离】设为 10 像素，【大小】设为 20 像素，具体参数设置如下图。此时就给文字底部增加了阴影，变得更加有层次，一张有质感的文字海报就完成了。

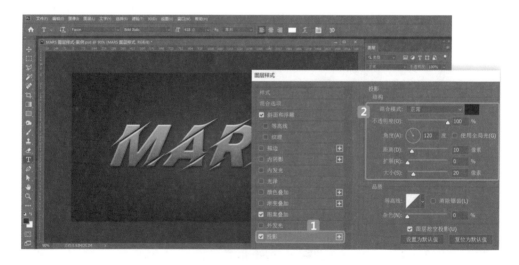

第17章

—

对！我就是这么抠：
钢笔抠图

17.1　直线抠图

钢笔工具因其精细程度和灵活的操控性，已经成为 PS 中抠图操作最常用的工具，下面先以最简单的直线抠图为例，展示使用钢笔工具进行抠图的完整过程。

① **置入图片并创建初始锚点。** 将 "01 直线抠图" 图片置入 PS，复制一层，选择【钢笔工具】（快捷键为 P），在选项栏【选择工具模式】中选择【路径】，选择一个边缘点创建初始锚点。

② **继续创建锚点。**单击鼠标左键，创建路径的第二个锚点，将两点连成一条直线。

③ **完成并闭合路径。**重复以上操作，依次完成其他锚点。最后回到起点处，当光标变为  之后，单击鼠标即可闭合路径。

④ **创建选区**。路径闭合之后，单击鼠标右键，从快捷菜单中选择【建立选区】即可沿路径创建选区，也可以按 `Ctrl` + `Enter` 组合键创建选区。

⑤ **创建蒙版**。最后一步，单击【图层】面板中的  就会沿选区创建蒙版，只显示选区区域，笔记本就被抠出来。关闭背景图层的眼睛图标就可以看到被抠出来的笔记本。

17.2 曲线抠图

　　尝试了最简单的直线抠图，还需要对钢笔工具的曲线抠图进行了解。只有熟悉掌握使用钢笔工具创建曲线路径，才能真正掌握钢笔工具的使用。以下方盘子为例，进行曲线抠图。

① **置入图片并创建锚点**。将"02 曲线抠图"图片置入 PS，复制一层，切换到【钢笔工具】，在盘子的左边创建一个锚点，按住鼠标左键，沿盘子边缘相切的方向拖曳，拉出方向线，创建平滑点，并注意曲线路径应与盘子边缘贴合。

② **闭合并调整路径**。重复以上操作，依次完成其他锚点，最后回到起点处，当光标变为 ◐ 之后，单击鼠标闭合路径。曲线路径最大的难点在于对方向点和方向线的调整，只有调整好这两方面才可以让路径完美契合，因此需按住 Alt + 鼠标滚轮 放大画板，对锚点进行精细调整。

③ **抠取选区区域**。闭合路径后，按 Ctrl + Enter 组合键创建选区。然后按 Ctrl + J 组合键可以将选区区域复制出来，同样关闭其他图层的眼睛图标，观察图形是否已抠好。

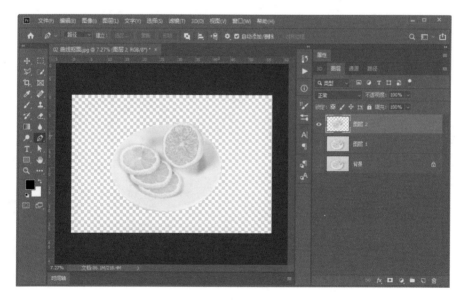

17.3　多选区抠图

　　前面两个案例讲的是从一幅图中抠出一个整体，主体内部并没有其他区域需要抠取。和前两个案例不同的是，假如要把下面这个黄色杯子抠出来，手柄位置也有需要抠除的区域，这时该怎样做？

①　**创建外围路径**。首先在 PS 中打开需要抠图的图片，复制图层。选择【钢笔工具】，使用钢笔工具先将杯子的外部选区路径勾勒出来。

② **创建内部路径。** 杯子手柄处的内部区域是不需要的，也就是需要抠除掉。单击选项栏中的【路径操作】 🔳，选择【排除重叠形状】（此处是大选区减掉小选区，同"形状工具"的布尔运算一样），然后再继续勾勒手柄的内部区域。

③ **创建选区蒙版。** 按 Ctrl + Enter 组合键创建选区后，再单击图层面板中的 🔳 创建图层蒙版，此时杯子就被抠出来了，手柄处的区域也已被排除掉。

第18章

不！我还能这么抠：
抠图合成

18.1 通道抠图

在第8章中讲过，通道的作用大多是用来存储选区和抠图的，之前的抠树案例是一个比较极端的情况，不需要任何处理就可以直接用通道抠出，本章会通过实际的案例操作来讲解在常规情况下使用通道抠取复杂的毛发边缘。

抠图之前

抠图之后

① **选择合适的通道**。将图片拖入 PS，为其复制一个图层，打开【通道】面板，依次查看三个通道，选择明暗对比度比较强的【蓝】通道，用鼠标左键按住该通道并将其拖动到【通道】面板中的 □ 上以复制该通道，之后的操作都在该复制出来的通道上操作。

Tips：因为通道亮度决定图片颜色，在三个原始通道上进行修改会导致图片变色，因此需要复制一个通道进行操作。

② **加强通道对比度。** 此时的【蓝 拷贝】通道明暗对比还不够强，选中该通道，按 `Ctrl` + `L` 组合键调出【色阶】对话框，滑动黑场滑块和白场滑块，以增强该通道的明暗对比，让主体与背景可以有清晰的黑白轮廓对比，其参数如下。

Tips：此时色阶调整效果会直接应用到该通道，除非撤销，不然其效果不可逆。

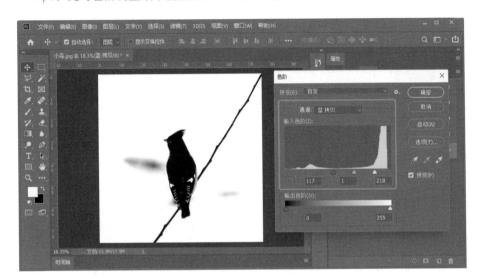

③ **涂抹主体和背景。** 因为使用通道形成的选区是通道中的亮部，而此时主体中有白色区域，背景中也有黑色区域，所以需要使用【画笔工具】将背景涂抹成纯白色，将主体涂抹成纯黑色（按快捷键 `D` 可将前后景色复位为黑白，按 `X` 可切换前后景色）。

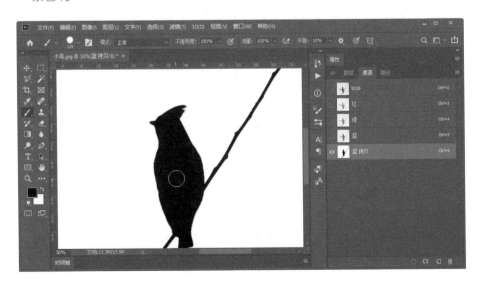

④ **形成选区**。此时主体和背景就完全区分开了，只需要按住 `Ctrl` 键并单击通道缩略图就可以将亮色区域（背景区域）形成选区。但是主体才是所需区域，按 `Ctrl` + `Shift` + `I` 组合键反选即可选中黑色区域，然后选择回 "RGB 复合通道"。

Tips：选择 "RGB 复合通道"，图像才会变回原来的样子，不然还是以黑白色呈现。

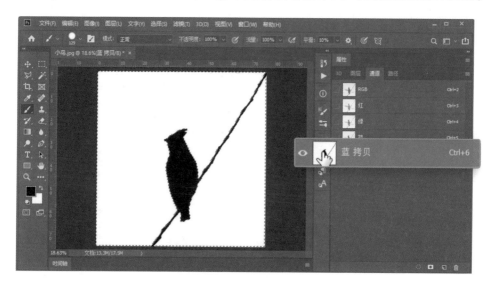

⑤ **抠取主体**。回到【图层】面板，在通道中形成的选区也依然会跟随一起回到图层中。单击【图层】面板中的 图标创建蒙版，主体就被抠取出来了。单击 图标创建一个纯色图层，将该图层置于 "图层1" 下方以观察抠出来的效果。

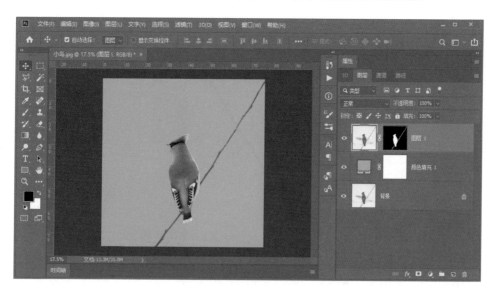

18.2　蒙版合成

　　蒙版的作用是隐藏效果，隐藏黑色，显示白色，而灰色的部分就是半透明状态，现在常见的合成海报也经常会使用蒙版，以达到较完美的融合效果。

⬡ 立体空间效果

这里用一张图片作为案例进行简单的操作，配合蒙版的使用，就可以合成出立体空间的效果。

原始图片

合成效果

① **复制并水平翻转图片。** 将图片拖入 PS，并复制一层。选中复制出来的图层，按 **Ctrl** + **T** 组合键进入"自由变换"状态，单击鼠标右键，从弹出的快捷菜单中选择【水平翻转】。

② **旋转图片。** 要做成立体空间的效果就得将水平翻转后的图层在此进行旋转。同样是在"自由变换"状态下，单击鼠标右键，从弹出的快捷菜单中选择【逆时针旋转 90 度】，然后将图片沿画板右下角对齐，如下图所示，之后按回车键结束自由变换。

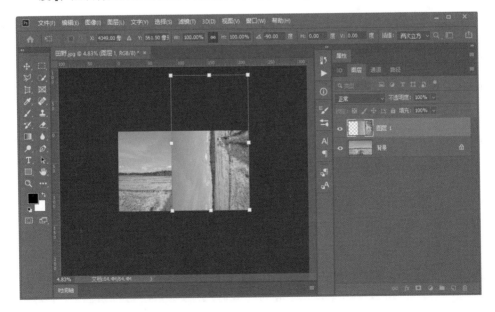

③ **创建蒙版并设置选区**。单击【图层】面板中的  为该图层创建蒙版，切换到【多边形套索工具】，沿折叠的三角区域创建选区，如下图所示。

④ **涂抹蒙版区域**。选中图层蒙版，切换到【画笔工具】，将前景色设置为黑色，将选区区域涂抹成黑色，就可以将重叠区域隐藏，取消选区，右边的折叠效果就出来了。

Tips：图片和蒙版虽然共用一个图层，但选中图片和蒙版的操作效果并不一样。用画笔涂抹图片会将图片涂抹区域变成黑色，而涂抹蒙版则会隐藏涂抹区域。

⑤ **去掉折叠区域中的人物。**右边的折叠效果出来了，但是人的存在有点违和。先选中图片，切换到【污点修复画笔工具】 ，将人涂抹掉。

⑥ **创建左边折叠空间。**重复以上操作，创建左边区域的折叠空间。

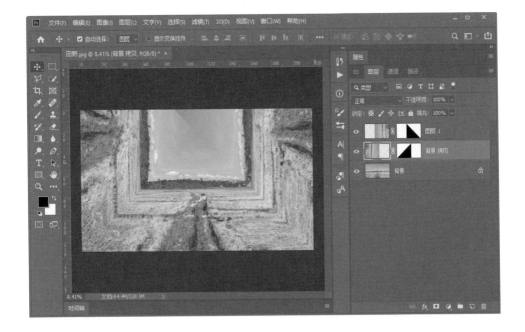

⑦ **调整拼合区域。** 可以看到，上层的折叠区域有一部分覆盖到了下层区域，所以还需调整使过渡柔和一些。选中"图层1"的蒙版，切换到【画笔工具】 ，在选项栏中将【硬度】调整为0，涂抹蒙版中的交接区域，此时完整的效果基本完成。

⑧ **添加飞鸟。** 将素材中的"飞鸟"拖入PS，调整位置和大小，完整的立体空间效果就完成了，最后记得保存和导出图片。

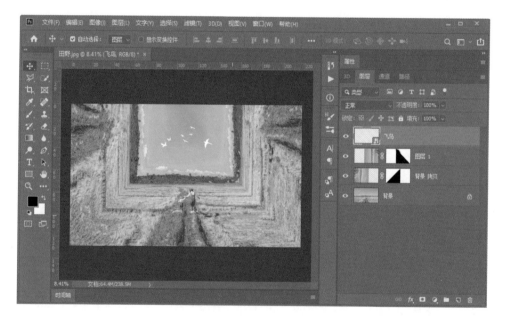

流星夜合成案例

在前面讲到的立体空间案例中，蒙版使用得相对生硬，只是刚好衔接，所以显得比较和谐，下面会用三张图片合成流星夜案例来展示蒙版常规的使用方法。

原始图片

合成效果

① **拖入图片并调整位置。**先将"风景"图片拖入 PS，再将"流星"图片拖入。将"流星"图层放大到贴合左右两边并将其调整到合适的位置，如下图所示。

　　Tips：新拖入的图片会默认处于"自由变换"状态，此时可以直接调整图片大小。

② **添加蒙版并观察图片。**首先为"流星"图层添加图层蒙版。为了让流星融合到背景中，需要一个完整的过渡。"流星"图层应该是从上到下渐隐，由不透明到半透明再到全透明这样的过渡比较合适，因此蒙版应该是一个黑白渐变蒙版。

③ **为蒙版添加黑白渐变。** 选中图层蒙版，切换到【渐变工具】▉（快捷键为 G），单击选项栏中 ▉ 右侧的小三角，从下拉菜单中选择【黑白渐变】，由黑色到白色的渐变需要按住鼠标左键从下往上拖曳，按住 Shift 可沿垂直方向拖曳。

Tips：拖曳的长度可以长一点，如果太短的话，渐隐区域不够长也会显得很生硬。

④ **置入图片并更改混合模式。** 将"月亮"图片置入 PS，调整大小和位置，然后将该图层的【混合模式】修改为【滤色】，营造出一种发光的效果。

⑤ **添加蒙版并涂抹**。为"月亮"图层添加图层蒙版，并切换到【画笔工具】，将【硬度】设置为0，前景色设为黑色，沿图层边缘区域进行涂抹，以达到柔和的效果。

⑥ **调整蒙版过渡细节**。此时虽然没有一开始那么生硬了，但也不是很完美，需要将画笔的【不透明度】降低，调整至20%，然后继续在过渡区域涂抹，效果达到相对完美即可。

Tips：画笔的【大小】和【不透明度】可以根据实际情况进行调整，可以多尝试几个不同的数值并观察效果，如果出现错误可以将前景色修改为白色再擦回来。

第19章

———

想要的效果这都有：
风景调整

调整图层主要是对图像进行明暗色调及颜色上的调整。调整图层具有图层的特性，不会影响原图层，并且调整作用可以影响到下方的图层。接下来就通过下图所示的实际案例操作来讲解如何通过分析图像本身存在的问题，来使用调整图层，以让图像更加完美。

调整前 调整后

① **提亮图像。** 置入需要调整的图片，此时图像存在的问题是整体亮度偏暗，并且阴影处较多，几乎融为一处，因此需要将图像整体提亮。单击【图层】面板中的 ⬭ 添加【曲线】调整图层，在【属性】面板中将中部的点上拉以将图片提亮，并单击左下方的点上拉以减少阴影，如下图所示。

② **调整图像颜色。**接下来，由于草地和树叶的颜色为青黄色、且天空的蓝色也不好看，所以可以通过调整图层将图像中的这些颜色调整得纯粹一些。因此添加【可选颜色】调整图层，青黄色中存在黄色，而蓝色中存在青色和蓝色，因此分别选择三个颜色进行调整，具体参数如下所示。

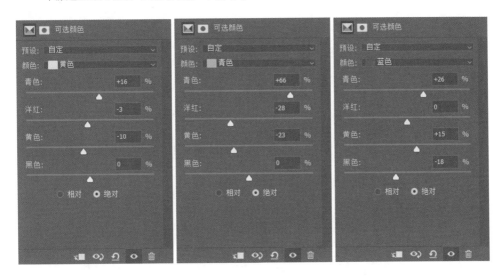

经过调整之后，可以看到草地和绿叶由青黄色变为绿色，而天空部分的蓝色也变为偏青色，整体效果相对完好。

③ **提高饱和度。**调整后的图像整体画面已经趋于完好，但是整体饱和度偏低，不够鲜艳。因此可以添加【自然饱和度】调整图层，调高【自然饱和度】的数值，以让图片看起来更鲜艳亮眼。

④ **降低对比度。**调整到最后发现，图像亮暗对比度还是偏高了一些，在这里可以通过【亮度/对比度】调整图层来降低图片的对比度并整体提亮，以达到想要的效果。

第20章

——

放开那个PS让我来：
实战案例

20.1　二次元动漫风　　　难度系数 ★★★★☆

制作前·原图

制作后·动漫风

此案例搭配视频讲解
观看方式请查看本书序言

核心知识点

① 滤镜的使用

② 调整图层调色

③ 置入素材

20.2　精细抠图－玻璃杯

难度系数 ★★★☆☆

制作前 · 原图

制作前 · 抠图后

制作后 · 合成效果

此案例搭配视频讲解
观看方式请查看本书序言

核心知识点

① 钢笔工具抠出轮廓

② 通道抠出半透明部分

③ 色阶调整蒙版透明度

20.3　精细抠图－婚纱　　　　难度系数 ★★★★☆

制作前 · 原图

制作后 · 抠婚纱

此案例搭配视频讲解
观看方式请查看本书序言

核心知识点

1　复制强对比的通道，
色阶拉大反差

2　建立蒙版并用画笔
涂抹

20.4　**精细抠图－动物毛发**　　　　　　**难度系数** ★★☆☆☆

核心知识点

① 快速选择工具选出轮廓

② 选择并遮住调整边缘

③ 净化颜色修饰边缘毛发

此案例搭配视频讲解

观看方式请查看本书序言

20.5　人像修图

难度系数 ★★★★☆

修改前·原图

核心知识点

1. 液化工具让人更瘦一些
2. 提高面部亮度
3. 修复画笔工具修复脸上痘印
4. 混合模式去眼镜反光
5. 建立观察图层，双曲线调整
6. 调整图层校正偏色

修改后·效果图

此案例搭配视频讲解
观看方式请查看本书序言

20.6　小清新调色

难度系数 ★★☆☆☆

调整前·原图

核心知识点

1　基本调色，提高曝光和阴影，营造朦胧感

2　调整色温为偏日系风的冷色调

3　天空转青色，樱花转橙红，与天空形成对比

4　往阴影里加红色，让樱花更突出

调整后·小清新

此案例搭配视频讲解
观看方式请查看本书序言